滋賀県立大学
環境ブックレット
9

水環境調査で
失敗しないために
琵琶湖環境の復元と再生に向けて

三田村緒佐武

滋賀県立大学 環境ブックレット 9

水環境調査で失敗しないために

琵琶湖環境の復元と再生に向けて

1

琵琶湖水系を理解するために

　陸水は、湖沼、河川、湿地、地下水、雨水などの自然水域と、上
下水、田畑の用水、公園維持用水、工業・生活排水などの人造水系
と広範である。なお、湖沼は、淡水湖と塩湖と汽水湖に分類されて
いる。淡水湖と塩湖は、海水の影響をほぼ受けない陸域内にある湖
である。湖水1L中に含まれる塩が0.5g以下の湖を淡水湖、0.5g以
上の湖を塩湖とすることが多い。汽水湖は、海の沿岸域の一部が砂
州などによって切り離された水域で、陸水と海水の双方の影響があ
る湖である。汽水湖は、川の流量や海の潮汐力などによって陸水と
海水が混合する。

　環境学習を支える基礎分野が広いため、対象環境の総体を診る視
点を失い、勘違いして調査することが少なくない。実践結果を安易
に発信すると、この情報を受ける者がより良い環境を創造できなく
なる。不確かな知識によって調査するときでも、しばし立ちとどまっ
て、測定意義と測定方法を把握したのちに、実践に移ることが求め
られる。

　そのとき、環境調査の目的と調査方法を参加者全員が議論すると
勘違いと間違いを少なくできる。環境学を学ぶ目的は、現環境の調
査から、自然環境と人為改変環境の違いを理解するとともに、万物
が望む環境を創造することにある。そして、生活負荷が環境を悪化
させたときは、これを修復して望ましい環境に再生させる環境賢人
に進化するための調査・学習活動であるとしたい。さらに、環境学

習の最終目標を、望ましい自然を現世代が享受するだけでなく、次世代に継承するための活動としたい。

　びわ
　琵琶湖を修復して再生させるためには、琵琶湖生態系とその集水域生態系を正確に理解することが基本である。そのために、勘違いと間違いに陥ることなく、琵琶湖環境の現状を正しく調査しなければならない。本書は、閉鎖的な止水系の湖沼と開放的な流水系の河川の環境調査で生じる勘違いと間違いの原因を、琵琶湖水系の湖沼と河川を例として環境調査の基本項目で解説する。

［全章に関係する引用・参考文献］

Horie, S.（1984）: Lake Biwa. Monographiae Biologiae 54, Dr. W. Junk Publishers, pp.654.

Hutchinson, G. E.（1957）: A Treatise on Limnology. Vol. 1. Geography, Physics and Chemistry. John Willy & Sons, pp.1015.

日本陸水学会 編（2006）: 陸水の事典. 講談社, pp.578.

Parsons, T. R. & M. Takahashi（1973）: Biological Oceanographic Processes. Pergamon Press, pp.186.

西條八束（1957）: 湖沼調査法. 古今書院, pp.303.

西條八束・三田村緒佐武（2016）: 新編湖沼調査法第 2 版. 講談社, pp.263.

滋賀県琵琶湖環境部環境政策課 編（2019）: 滋賀の環境2018（平成30年版環境白書）. 滋賀県, pp.88.

滋賀県琵琶湖環境科学研究センター（2020）: 滋賀県琵琶湖環境科学研究センター・ホームページ.（https://www.lberi.jp/）

Wetzel, R. G.（2001）: Limnology, Lake and River Ecosystems. Third ed., Academic Press, pp.1006.

Wetzel, R. G. & G. E. Likens（2000）: Limnological Analyses. Third ed., Springer-Verlag, pp.429.

吉村信吉（1937）: 湖沼学. 三省堂, pp.426.

［第 1 章の引用・参考文献］

Hammer, U. T.（1986）: Saline Lake Ecosystems of the World. Monographiae Biologiae 59, Dr. W. Junk Publishers, pp.616.

国土地理院（2020）：国土交通省国土地理院・湖沼調査ホームページ．（https://www.gsi.go.jp/kankyochiri/gsilake.html）

Mitamura, O., M. Nishimura, M. Tanaka & A. Yayintas（1997）: Comparative investigation of biogeochemical characteristics in the Anatolian lakes, Turkey. Verhandlungen der Internationalen Vereinigung fur Theoretische und Angewandte Limnologie, 26: 360-368.

2

環境調査の心得

環境を総体として診る

　陸水の生態系は、湖沼生態系、河川生態系などと分けることがで
きる。これらの生態系は、水に生息・生育する生物要素とその環境
要素が異なる。環境は生物に影響を与えると同時に、生物も環境に
影響を与える(図2-1)。いずれの生態系も、生産者と消費者と分解
者としての生物の働きで、物質が循環してエネルギーが流れる(図
2-2、図2-4)。これは、見方を変えれば食物連鎖ともいえる。湖沼生
態系は、閉鎖的な系内で物質循環がほぼ完結しているという意味で
「小宇宙としての湖」と表現されることがある。しかし湖の多くは、
川の幅が広く深くなった「水たまり」と考えることができ流水系の

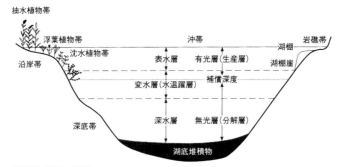

図2-1　湖沼生態系の構造
湖沼生態系の構造区分は、水温による鉛直区分と照度による鉛直区分は季節により変
化する。春から夏の琵琶湖は表水層が有光層より薄いが、夏から秋の表水層は有光層
より厚くなる。冬は循環するため水温による区分がない

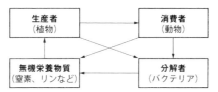

図2-2　湖沼生態系の機能
湖沼生態系では生物とその環境が密接に関係しながら生物と環境の質と量が変化している。生物は環境に影響を与え、環境は生物に影響を与える。生活型が異なる生物が物質循環の役割を分担しており、生産者の植物と、生産者がつくった有機物を分解して無機物に戻す動物とバクテリア・菌がいる。ふつう、この役割の大小から動物を消費者、バクテリア・菌を分解者という

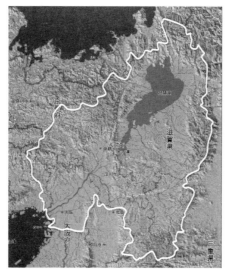

図2-3　琵琶湖・淀川水系
琵琶湖は淀川本川の一部が川幅を広げ深くなった水たまりである

性質もある（図2-3）。琵琶湖の湖水の交換速度を計算すると、ところてん方式（降水と流入水で湖水が押し出されて入れ替わると考える）で約5年、希釈方式（降水と流入水で湖水が希釈されながら入れ替わると考える）で20年以上もかかる。琵琶湖北湖は止水系の特徴が強いが、南湖は北湖から瀬田川へと水が流れるため、南湖水の交換速度は速く

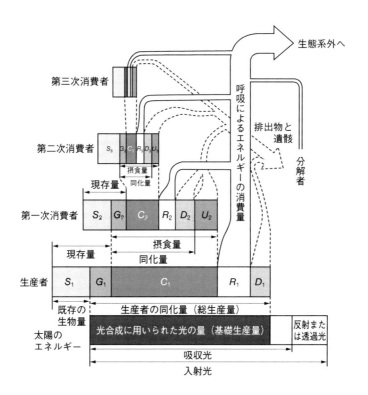

S	現存量	ある時点に存在する量	C	被食者	上位者に食われる量	D	死滅分解量	死滅して分解される量
G	成長量	ある期間に増加した量	R	呼吸量	呼吸による消費量	U	不消化排出量	消化せず排出される量

図2-4　湖沼生態系における生態的ピラミッドとエネルギーの流れ［浜島書店（2011）を一部改変した西條八束・三田村緒佐武（2016）から転載］

栄養段階が上がるとともに利用できる生物量とエネルギーは減る。生物は太陽エネルギーに依存した植物を食べているといえる。食べた多くは呼吸と排出に使う。食べた量と呼吸・分解に使った量との差が自分の成長と他の生物に食われる量になる

米国の湖で、太陽エネルギーの0.4％が植物（基礎生産者）に、植物の9％が一次消費者の動物に、一次消費者の6％が二次消費者の動物に、二次消費者の13％が三次消費者の動物に利用されていた。琵琶湖の三次消費者（ビワマスなど）は約1,000倍の植物プランクトンに支えられるといえる。雑食の人間はピラミッドの頂点にいないが自然食を食べ過ぎることは許されない。琵琶湖の生物多様性と適正規模から湖環境の保全と人類生存のあり方を学ぶことができる

流水系の特徴が大きくなる。

　琵琶湖とその流入河川で生じる現象は、自然的要因と、人為的要因が複雑に絡み合っている。環境活動の多くは、個性豊かな調査場を対象としながら調査水域の総体を明らかにしようとしている。琵琶湖生態系は、湖とその集水域からなる琵琶湖水系が総体として機能している。琵琶湖内の個別の環境問題のみを改善しても、琵琶湖水系の陸域で生活する人間活動の改善がなければ琵琶湖を修復して復元させる道は遠い。この対処療法の環境改善は、いわゆる「もぐらたたき」になる。湖や川の総体は、自らの再生力で自らが復元しようとしている。人の目は、生物要素と環境要素が動的循環の平衡を保っている自然生態系を静的に見ている。人が琵琶湖環境の異変に気づいて環境問題とするのは、この平衡を人が壊した結果であると理解しなければならない。

　自然環境は、人が自然を理解するために区分した各個別科学では明らかにできない。環境活動は、人文学、理学、工学、農学、医学などを調査場から学習するのではなく、これら個別学を融合させた総合学の視点から学習しなければならない。湖や川の調査場のみを対象とした調査、あるいは個別学を学習する調査を行えば、勘違いと間違いに陥りやすく、活動の最終目標に到達できなくなる。

　環境学徒は、「環境問題を生じさせない」「環境問題を解決する」ために学習と実践をしている。人類の持続可能社会を実現させたいと大志を抱く者は、学習者のためでなく、次世代のための環境活動をしたい。環境学徒がこの環境観を失うと、「琵琶湖環境をなぜ復元して再生しなければならないのか」、さらには人生に与えられた命題「人はなぜ学ぶのか」も見失ってしまうであろう。

湖の調査は場所と時を選ぶ

　湖は、沖帯、沿岸帯、湾、水陸移行帯、内湖域などで生態系の構造が異なる。湖の一部を明らかにして湖生態系を考えるのであれば、湖を代表する水域と特徴ある水域で静的項目（水温など）と動的項目（栄養塩など）を調査すればよい。琵琶湖生態系を明らかにするため、琵琶湖を代表するとした沖帯の物質循環の詳細を明らかにしたいとき、静的項目と動的項目の分布変動を測ることから始める。そして、余力があれば、沿岸帯などで調べ、琵琶湖生態系の環境動態のメカニズムを総合的に考察することになる。しかし、環境モニタリング調査のように琵琶湖の全体を調べるのであれば、調査点を水平にも鉛直にも碁盤の目に分け、その測定結果を測地点数で平均することになる。ある項目の大小を北湖と南湖で比較したいのであれば、北湖の平均値と南湖の平均値を比較する。琵琶湖の内湾と沖帯、表層と深層で比較するときも平均値で比較することになる。

　しかし琵琶湖は、自然と人間活動により刻々と影響を受けており、その環境変動は、沖帯では小さいが沿岸帯では大きい。その変化は、深いか浅いか、湖岸が単調か複雑かなどによっても異なる。形状が複雑な湖で調査するときは、目的に沿って調査場と調査時間を選定しなければならない。調査は、年間を通して間隔を短くしたいが実際は困難である。したがって、琵琶湖環境は季節変化すると考え、季節ごとに、1日の中の定時に調査するとよい。

　環境学徒は、身近な湖と河川で環境活動することが多い。これは、水系の一部であるとともに、調査時の姿である。水環境調査の目的を達成するために、調査する場所と時期の選定が重要になる。調査地の特性を理解する作業から始める調査は成功し、これを怠った調

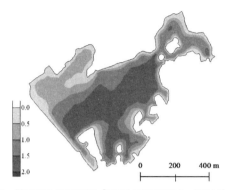

図2-5 琵琶湖内湖・曽根沼の湖盆形態［三田村緒佐武ほか（2016）から転載］
内湖・曽根沼は干拓で半分を失ったが複雑な湖盆形態は残る

表2-1 粒径による堆積物の分類

粒径 d(mm)	16	8	4	2	1	$\frac{1}{2}$	$\frac{1}{4}$	$\frac{1}{8}$	$\frac{1}{16}$	$\frac{1}{32}$	$\frac{1}{64}$	$\frac{1}{128}$	$\frac{1}{256}$	$\frac{1}{512}$
粒度の指標 ϕ	−4	−3	−2	−1	0	1	2	3	4	5	6	7	8	9
堆積物 の名称	中	礫		細礫	極粗	粗	中	細	極細		シ ル ト			粘土
		礫					砂					泥		

底質を調べると調査地が止水系の湖沼性か流水系の河川性かが解る。琵琶湖沖帯の堆積物の粒子径は泥（シルトと粘土）、沿岸帯は砂が多い。川の上流は礫、中流域は砂、下流域は砂と泥が多い

査は失敗する。たとえば、琵琶湖内湖で調査するとき、琵琶湖水系の中の内湖の位置と内湖の水系、調査地の気象、内湖水系で生活する住民や産業構造、内湖の自然的水循環と人為的水循環、内湖の湖盆形態と調査地の底質、内湖の自然的富栄養化と人為的富栄養化の遷移過程などを机上で勉学しておくことが必須である。これらが、調査結果を考察する際に生きた情報を与えてくれる（図2-5、表2-1）。

川の調査は場所と時を選ぶ

　流水系の川は、上流域と中流域と下流域とで生態系の構造が異な

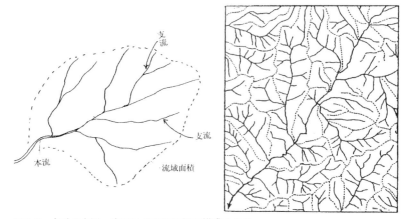

図2-6 水系は本川、支川などの河川網で構成される
琵琶湖に流入する川は名前のある大きなものから名前のない小さなものまで無数ある。この河川網が琵琶湖・淀川水系を造っている

る。これらの区分は、便宜的に分けたもので明確な基準はない。ふつう、浸食作用が大きい流域を上流、水流が穏やかで堆積作用の河床や中州が発達する流域を中流、小さい砂や泥などが堆積して河口域で三角州を形成する流域を下流としている。人工水路が多い都市河川は、人間活動による流入負荷の大小から上流、中流、下流と区分する者もいる。

　川は、長さが長いか水量が多いものを本川(本流、幹川ともいう)、本川に合流するものを支川(支流ともいう)、本川から分かれて河口まで注ぐか再び本川に合流するものを派川(派流ともいう)に分ける。これらの川が河川網を作っている。その全体あるいは一部を水系と言っている(**図2-6**)。そして、これらの川は、国土保全あるいは経済上の重要性から、一級河川(国の直轄区間の川と、都道府県が通常の管理を国から委任されている指定区間の川)、二級河川(都道府県が管理する川)、準用河川(二級河川の規定を準用して市町村が管理する川)、普通河川(河

川法が及ばない川) とに分けている。なお、琵琶湖は一級河川・淀川水系の本川として国と県が管理している (図2-3)。

川の調査地点を設けるとき、2河川が流入する直前の地点か直後の地点かによって、測定の意味は大きく異なる。調査地点は、2河川が合流する前のそれぞれの2地点と、合流後の少し下流の1地点で、合理性ある時刻に行うことが望ましい (たとえば、アマゾン川は本川の白濁水河川・ソリモエス川と支川の黒色水河川・ネグロ川がマナウスで合流するがしばらく混ざらない)。農業排水、工業排水、生活排水が流入しているか否かも考慮して調査地点を選ぶ必要がある。この調査地点の位置は、水温、電気伝導度、透視度などの測定値を参考に選ぶとよい。

調査地が水系の中でいかなる位置にあるのかを知ることが基本である。たとえば、調査地の地形や土地利用の特徴から川の調査点を選定するとき、特徴ある河川区間で川の平均幅 (一定区間に水が集まる面積と川の一定区間の長さの比) を求めておくとよい。この比が大きいと、その区間の流域は広いため調査水への流入負荷が高く、比が小さければ、その区間の流域は細長いため負荷が低いと考えられる。なお、この比が大きいと氾濫面積が広く、比が小さいと激流になるなど治水方法 (遊水地、堤防強化、ダム建設など) を考えるときにも役立つ。

そして、調査地の流量、流速、水位など水の流れの特徴を理解する必要がある。これらは、自然変動や人間活動の大小によって、時間変化するものと時間変化しないものがある。とくに、人間活動による影響が大きい里地の川の測定値は、生活・産業活動による水量変動と活動時刻も影響した結果である。

日本列島の南西側は、一般に、夏・秋の降水量が多く、冬の降水

量は少ない。列島の北西側は、夏・秋の降水量より冬の降水量が多い。台風など降水量が多く河川の水量（流量）が増す（たとえば豊水量）ときの河川水質、あるいは長期に雨が降らず河川流量が減少する（たとえば渇水量）ときの水質は、平常の水量（たとえば平水量）のときの水質と大きく異なる。これら流量が多いとき、少ないときは、水質濃度が高い場所と時間、低い場所と時間がある。たとえば、降水量が多いときは、平常時は水の流れがない場に蓄積していた物質が降水とともに川に流れ出て高い値が測定されることも、純水に近い雨によって河川水質が希釈され低い値が測定されることもある。豪雨時に、低い電気伝導度が測定されても、高い濁度が測定されるように、この変動は水質項目によって異なる。陸域が雪に覆われると、陸域から河川への負荷がなくなるが、雪解け期に負荷が増えるなどはこの例である。したがって、風雨で現地調査が困難になっても、河川水が氷っても、可能な限り現地調査を行いたい。そして、情報発信された水質値から河川の平均像を読むときは、この数値が真の平均であるか、調査したときの値を平均した平均値であるかなど、平均の意味も理解する必要がある。

　なお、琵琶湖集水域の南方（太平洋側気候）河川は夏・秋に流量が増え、北方（日本海側気候）河川は冬に陸域の積雪量が増えるが流量は減り雪解け時に増加する。琵琶湖の水質は、河川の影響を受ける沿岸域（琵琶湖内湖なども）で変動が激しいが、沖帯で小さいと考えてよい。

　川の流量は、川幅の面積と流速を測定すればよい。川幅とは堤防から対岸の堤防までの間の距離（この幅は変動しない）をいうが、ここでいう川幅は水が流れる水面幅（この幅は水位に影響され変動する。流れ幅と言うこともある）である。小川で流量を測るとき、水をプラスチッ

ク容器や人造堰などで一定時間を集める方法もある。川の流速は、浮子を水面に浮かべて、これが一定区間を流下する時間から求める簡易測定もある。浮子は、色水を入れたプラスチックの目薬ビンや醬油さしビンなどで簡単に自作できる。流速は中央部で速く両岸と川床で遅い。そして水面で速く深くなると遅い。平均流速は、中央部の表面流速の値に0.8倍するとよい。水位は流量に対応するため、調査地で水位を記録すると流量変動のおよそを知ることができ、調査時に測った項目が水量の影響を受けた値であったかの判断に役立つ。

　しかし、これらの影響は調査項目によって異なる。たとえば、pH値は、植物プランクトンの量と活性の大小に関係するため、場所による変動が大きく、気候変動で日内変動も大きい。とくに、変動の激しい項目を調査するときは、調査する場所と時を適正に選定しなければならない。調査場所と調査時と調査頻度を正しく選んだ環境調査は、測定結果を解釈するときに勘違いを防ぐことができる。

水の外観を調べる

　調査地点に着いたら、調査時の時刻と天候の記載はもちろんであるが、調査場の景観を二次元(平面)、三次元(立体)で眺め、見たこと気づいたことを野帳に記録する。

　河川水の外観から、水の性質の概要を知ることができる。「見る」「聞く」「嗅ぐ」「味わう」「触れる」の五感を通した基礎調査は、環境調査の始まりである。湖や川の調査の「見る」では、試水をビーカーに入れ、これを白紙と黒紙上におき、試水全体、上澄み液、懸濁物、浮遊物、沈殿物などの色調と量の程度、油の有無、泡立ちの有無を調べる。五感の「嗅ぐ」では、およそ40℃に水を温めて臭い

18

表2-2　臭気の分類と種類例

臭気の大分類	臭気の種類例
1）芳香性臭気	（1）芳香臭　（2）薬味臭　（3）メロン臭　（4）スミレ臭　（5）ニンニク臭　（6）キュウリ臭
2）植物性臭気	（1）そう臭　（2）青草臭　（3）木材臭　（4）海そう臭
3）土臭，カビ臭	（1）土臭　（2）沼沢臭　（3）カビ臭
4）魚貝臭	（1）魚臭　（2）肝油臭　（3）ハマグリ臭
5）薬品性臭気	（1）フェノール臭　（2）タール臭　（3）油様臭　（4）油脂臭　（5）パラフィン臭　（6）硫化水素臭　（7）塩素臭　（8）クロロフェノール臭　（9）薬局臭　（10）その他薬品臭
6）金属性臭気	（1）金気臭　（2）金属臭
7）腐敗性臭気	（1）ちゅうかい臭　（2）下水臭　（3）豚小屋臭　（4）腐敗臭
8）不快臭	魚臭，豚小屋臭，腐敗臭などが強烈になった不快なにおい

見る、聞く、嗅ぐ、味わう、触れるの五感から水の性質が判る。琵琶湖水系の水を嗅いで違いを試したい

を嗅ぐ（**表2-2**）。「味わう」では、水を口に含んで味わいを調べる。調査場に小さな水生生物が生育していれば、その水は人体に害を及ぼすことがほとんどない。これらの外観は、調査項目に与えた影響が何であったのかも探ることができ、測定結果を考察するときに役立つ。

［第２章の引用・参考文献］

青木斌・井内美郎・井口博夫・加藤義久・永末和幸・高安克己・長沼信夫・岸元謙次・安田訓啓・柳哲雄・若濱五郎（1995）：地球の水圏：海洋と陸水．新版地学教育講座10巻，東海大学出版会，pp.211.

Forbes, S. A.（1887）：The Lake as a Microcosm. Bulletin of the Scientific Association（Peoria IL），77-87.（*reprinted*, Natural History Survey Bulletin, 15: 537-550, 1925）.

浜島書店（2011）：ニューステージ新訂・新生物図表．浜島書店，pp.339.

Hasler, A. D.（1947）：Eutrophication of lakes by domestic drainage. Ecology, 28: 383-395.

Horton, R. E.（1945）：Erosional development of streams and their drainage basins: hydrophysical approach to quantitative morphology. Bulletin of the Geological Society of America 56: 275-370.

西野麻知子・浜端悦治 編（2005）：内湖からのメッセージ．琵琶湖周辺の湿地

再生と生物多様性保全．サンライズ出版，pp.253.

国土交通省（2020）：国土交通省・水文水質データベース．〔http://www1.
river.go.jp/〕

三田村緒佐武・安積寿幸・後藤直成（2016）：琵琶湖とその周辺内湖の湖盆形態の特徴．陸水研究，3：21-34.

Williams, W. D.（1964）: A contribution to lake typology in Victoria, Australia. Verhandlungen der Internationalen Vereinigung fur Theoretische und Angewandte Limnologie, 15: 158-163.

山本荘毅（1968）：地球科学講座9．陸水．共立出版，pp.347.

山本荘毅・高橋裕（1987）：水文学講座2．図説水文学．共立出版，pp.221.

3

透明度の測定で陥る勘違い

何を測っているのか

　透明度を測ると湖水が澄んでいるか濁っているかの程度を知ることができる。湖水が澄んでいる貧栄養湖や外洋の海水でも透明度の値が得られる。太陽光は水そのものの吸収によって減衰するからである。透明度は、「水そのもの」、「水に含まれる溶存有機物」、「水中の動・植物プランクトン」、「水中の非生物の懸濁物」などに影響される。ふつう、透明度に及ぼすこれらの寄与率は、溶存物質で低く懸濁物質で高い。

　集水域面積が狭い湖の透明度では、非生物の懸濁物（非生物セストン）の寄与は小さくプランクトンの寄与が高くなる。集水域面積が広い湖の透明度では、プランクトンかセストンのいずれかの寄与が高くなる。透明度の高い摩周湖では、プランクトンの寄与が高くセストンの寄与が低い。低地の小湖の場合、普段は植物プランクトンの増殖によりプランクトンの寄与が高いが、濁水が発生するときはセストンの寄与が高くなる。一般に、面積が広く深い大湖（たとえば、バイカル湖）の沖帯は、集水域からの流入負荷の影響が小さいため、湖内で生産されたプランクトンの寄与が高く、セストンの寄与が低い。琵琶湖北湖の沖帯の透明度は、セストンよりもプランクトンによる濁りを多く測っている。一方、琵琶湖南湖の全域や琵琶湖北湖の沿岸帯、琵琶湖内湖の透明度は、プランクトンとセストンの寄与

率が季節や人間活動の大小により変動する。なお、湿原の湖沼（た
とえば、比良山の小女郎ヶ池や釧路湿原の塘路湖）や熱帯雨林帯の湖沼（た
とえば、雨季のアマゾン流域に形成される湖沼）では、陸域で生育してい
た植物破片の懸濁物の寄与が大きくなる。

　湿地の水（たとえば、尾瀬ヶ原の池塘）や、産業排水や生活排水が負
荷される湖水や河川水には、着色した溶存有機物を多量に含むこと
がある。これらの水域で測った透明度値は水に溶けている物質量を
反映した結果である。世界の湖や川には着色した水が見られ、これ
らの水域の透明度値は溶存物質量も影響している。しかし、日本の
湖と川は無色の透明水が多い。目視で水そのものに色がついていな
ければ、透明度は濁りを測っていると考えてよい。

測ると何が解るのか

　透明度を測ると湖沼生態系の多くが解る。

　①透明度の深度は、相対水中照度（水面の照度を100％としたときの
　　照度）の15％とほぼ一致する。

　②年間の透明度の平均値は、車軸藻（水草）の生育限界の深さとおよ
　　そ一致する（図3-1）。

　③透明度の２〜2.5倍の深度は、相対水中照度のおよそ１％深度に
　　相当する。そして、この深度は、植物プランクトンの補償深度と
　　ほぼ一致する。

　④透明度から、富栄養湖になりやすい湖であるか、なりにくい湖で
　　あるかが解る。湖面当たりの１日の光合成量と呼吸量が等しくな
　　る深度を臨界深度という。この臨界深度が鉛直混合より浅いとき
　　は純生産量がプラスになり植物プランクトンは増殖できるが、臨
　　界深度が鉛直混合より深いときは純生産量がマイナスになり植物

22

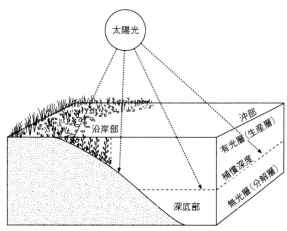

図3-1　光からみた湖の構造
水草とプランクトンの生育深度は透明度から推定できる。琵琶湖北湖の水草は年間の
平均透明度の深さ5mより浅いところ、南湖は2mより浅いところで見つけやすい。
北湖の植物プランクトンは10mより浅いところ、南湖は4mより浅い深さで増殖する

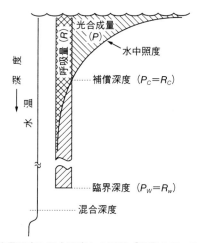

**図3-2　補償深度と臨界深度と混合深度との関係　[西條八束・三田村緒佐武（2016）
から転載]**
水柱当たりの光合成量と呼吸量が等しくなる深度（臨界深度）より水温躍層が浅い季
節は純生産がプラスになり植物プランクトンは増えるが、深い季節はマイナスになり
増えない琵琶湖の鉛直混合が補償深度より深い季節（水温停滞期の末期から冬季の循
環期の間）は栄養塩が豊富にあっても植物プランクトンは光不足で増えない。琵琶湖
は富栄養湖になりにくく、湖が沈降しているため古代湖の特性をもつ

表3-1　調和型湖沼の特徴

貧栄養湖（Oligotrophic Lake）
　栄養物質（特に窒素とリン）に乏しく，水生植物も少なく生産量は小さい．透明度の深さは
およそ8m以上である．溶存酸素は年間を通して深層水でも貧酸素になることはない．湖底堆
積物中には酸素分子を必要とする底生動物が生息する．水色は藍色または緑色．山間の水深が
深い湖の多くがこれに属し，水深が深いカルデラ湖や火山性堰止湖にみられる．
　この湖沼型に属する日本の主な湖は，摩周湖，洞爺湖，支笏湖，田沢湖，十和田湖，中禅寺
湖，本栖湖，西湖，青木湖などである．

富栄養湖（Eutrophic Lake）
　栄養物質（特に窒素とリン）に富み，水生植物も多く生産量は大きい．夏季は植物プランク
トンの増殖が著しく，水の華を生じることが多い．透明度の深さはおよそ4m以下である．あ
る程度の水深がある湖沼では夏季に溶存酸素は成層し，湖底ではほとんど消失する．湖底堆積
物中にはオオユスリカ幼虫が生息する．水色は緑色または黄色．一般に平地の浅い湖沼の多く
はこれに属する．
　この湖沼型に属する日本の主な湖は，網走湖，霞ヶ浦，印旛沼，手賀沼，北浦，芦ノ湖，河
口湖，諏訪湖，中海，宍道湖などである．

中栄養湖（Mesotrophic Lake）
　貧栄養湖と富栄養湖の中間に中栄養湖を分けることができる．湖の透明度はおよそ4〜8m
の深さである．
　この湖沼型に属する日本の主な湖は，檜原湖，山中湖，木崎湖，浜名湖，琵琶湖，池田湖な
どである．

〔西條八束（1962）より一部改変〕

栄養物質の調和がある琵琶湖は、透明度と栄養塩と生物量などの多少から北湖は中栄
養湖に南湖は富栄養湖に分類できる

　　プランクトンは増殖できない（図3-2）。
　⑤透明度の値は、湖沼型（貧栄養湖や富栄養湖など）と密接に関係す
　　る（表3-1）。湖水中の栄養物質に調和がとれていて、生物の生息・
　　生育に阻害を与える物質を含んでいない調和型湖沼においては、
　　貧栄養湖の透明度はおよそ8m以上、富栄養湖の透明度はおよそ
　　4m以下が多い。
　⑥透明度の値は、湖沼の生物生産や堆積速度と密接に関係する。こ
　　れは、自然的富栄養化あるいは人為的富栄養化による湖沼遷移を
　　考える基になる（図3-3）。

　ここで、琵琶湖北湖の透明度（現在の透明度は約5m）と南湖（約2m）
から北湖と南湖の特徴と現状を考える。北湖では、水草は5mよ

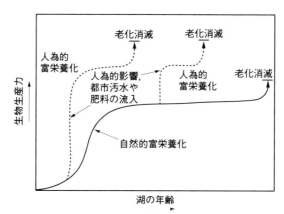

図3-3　湖の自然的富栄養化と人為的富栄養化のちがい［坂本充（1976）から転載］
湖は誕生した後に栄養度が増加していき貧栄養湖から富栄養湖へ、そして浅くなって、ついには陸になり一生を閉じる。湖のこの遷移過程を富栄養化といっている
今の琵琶湖は人間活動の影響で人為的富栄養化の遷移過程が加わり湖の一生を短くしている。琵琶湖流域の沼や湿地帯、そして古琵琶湖の跡から湖の富栄養化を観察できる

り浅いところで光合成が呼吸・分解を上回り成長する。植物プランクトンは10〜12mの深さまで光合成が呼吸・分解を上回り増殖する。北湖は貧栄養湖と富栄養湖の中間の中栄養湖である。水温停滞期の末期（11月初旬）から冬季の循環期（12月下旬〜4月中旬）が終わるまでの間は、混合深度が臨界深度より深くなるため栄養塩が豊富にあっても植物プランクトンが増殖できない。植物プランクトンがときには赤潮状態にまで増殖できるのは、栄養塩が豊富で、混合深度が臨界深度より浅い水温停滞期の初め（5月ごろ）から中ほど（9月）までの季節である。したがって、人間活動の負荷を受けなかったときの北湖は、富栄養湖になりにくく、湖底への有機物の堆積量も少なく、自然的富栄養化の湖沼遷移が穏やかで、湖の一生が長い古代湖の特徴をもっていた。

　一方の南湖は、透明度の値から富栄養湖であるといえる。植物プ

ランクトンは南湖の湖底（4〜5m）まで光合成が呼吸・分解を上回り増殖できる。水草は2mより浅い沿岸域で光合成が呼吸・分解を上回り成長できるが、中央域では光不足になり成長が制限される。湖底まで茎を伸ばして大繁茂している水草問題は、透明度と湖の水位変動からも考える必要もある。南湖の水草繁茂が植物プランクトンの栄養塩を奪うために生じる見かけの水質浄化は、透明度測定からも評価できる。

透明度と透視度の測定を誤らないために

　プランクトン量の多少を透明度値や透視度値の大小から判定するべきでない。透明度・透視度に影響を及ぼす因子は、濁りの質により異なるからである。とくに、沿岸帯で測った値は、風や大雨などで湖底からまき上がる濁り、流入河川から運ばれる土砂の影響などをよく受ける。そして、透明度値・透視度値と懸濁物量との関係は1：1でなく懸濁物の質にも関係する。その一例は、水中に小型粒子と大型粒子が同量あっても、前者は後者よりも影響しやすいことが知られている。代掻き時に発生する琵琶湖の濁水問題は、農地から流出する小さい粒子径の濁水とともに農薬や肥料が水生生物に影響を与えることである。

　透明度・透視度に影響を与える因子のおよそを知る簡易方法がある。たとえば、白色のコーヒー・フィルターで調査水を濾過して、フィルター上の色調から植物プランクトン量とセストン量のおよそを判別することができる。あるいは、粒子をメスシリンダーで沈降させて分けたのち、懸濁物と沈降物の濁度成分とその量を目視やルーペで観察してもよい。

　なお、透明度板と透視度計は、部品をDIY（ホームセンター）や100

円ショップで求めて自作することができる。

透明度の勘違い

　透明度の測定は、昼間の太陽高度の高いときに、透明度板(セッキ板)をできるだけ鉛直に吊り下げて透明度板から水面までの距離を読む(写真3-1)。透明度版は、水の流れで動くことや、調査船が動いて流されることがある。そのとき、透明度の値は、透明度板の傾角(測定者と透明度板との角度)を補正しないで目盛ロープの長さとする。すなわち、透明度の値は、透明度板のロープが水中で斜めになっていても、ロープが直線に張られているかぎりは、透明度版との距離を読めばよい。ただし、透明度板が水中で斜めになっていてもよいのは、プランクトンやセストンが、透明度の深度まで均一に分布している場合である。透明度の深さが水温躍層より浅い季節や、水が鉛直循環しているときは、透明度の値に影響を与える成分が均一に分布していると判断して、透明度板が水中で斜めになっていてもよい。

　透明度板を引き上げてから、ロープの距離を巻尺などで測ってはならない。ロープ位置は人の記憶に思い込みがあり、時間

写真3-1　学生が透明度を船から測定する
透明度は昼間に透明度板をできるだけ鉛直に吊り下げて水面までの距離を読む

とともに記憶が薄れるため思わぬ失敗に陥る。透明度は0.1mの桁まで読むが、この桁の数値は怪しい。しかし、四捨五入して1mの桁で読むのは適切でない。たとえば、透明度1mと記した値と、1.4mと記した値から得る情報の多さは格段の差がある。

　透明度板が湖底や河床に着いたときでも、透明度の測定をあきらめなくてよい。透明度板を底に固定して、透明度板のロープを斜めに張って、透明度板と水面までの長さを読む。このとき、得た透明度の値に「水深以上」と付記しておけば、水の濁りの程度を知ることができ、読者が水深よりも大きい透明度値は間違いではないかとの疑問もなくなる。

透視度測定で失敗しないために

　透視度も水の濁りの程度を測っている。透視度の値は、透明度の値とおよそ相関がある。透視度計は、川など透明度板が流されて測定が難しいとき、あるいは、水深が浅く透明度板が底について測定が困難なときでも測ることができる。しかし、透視度計の長さは、測定者の身長に制限されることと、透視度計の円筒の直径が測定者の視野・視力によって制限されるため、1mまでのものが望ましい。

言いかえれば、濁りが少ない水は
透視度計で測れない。透視度は、
都市河川や富栄養湖などの測定に
適している。

　透視度は、透視度計の円筒に試
水を注ぎ、筒の下の十字の標識が
判別可能な水の深さとしている。
測定の留意点は、試水に気泡が含

写真3-2　環境FWの受講生が濠の透視
度を測る
透視度は水を斜めから透視度計に静か
に注いだのちただちに測定する

まれると過小の値になるため、円筒に斜めから静かに水を注ぐこと
である(**写真3-2**)。そして、水に大型粒子があるときは、これが沈降
または浮揚するまでの時間内に素早く測り終える必要がある。釣り
糸などに径の細い試験管用ブラシを結んだものを円筒に挿入して、
これを上下させて大型懸濁粒子を鉛直分散させるとよい。

[第３章の引用・参考文献]
新井正（1994）：水環境調査の基礎．古今書院，pp.168.
国立天文台（2014）：理科年表・第88冊．丸善株式会社，pp.1092.
Mitamura, O., Y. Seike, K. Kondo, N. Goto, K. Anbutsu, T. Akatsuka, M. Kihira, T. Quing, Tsering & M. Nishimura（2003）: First investigation of ultraoligotrophic alpine Lake Puma Yumco in the pre-Himalayas, China. Limnology, 4: 167-175.
坂本充（1976）：生態遷移Ⅱ．生態学講座11-b．共立出版，pp.238.
Tundidi, J. G. & Y. Saijo, eds.（1997）: Limnological Studies on the Rio Doce Valley Lakes, Brazil. Brazilian Academy of Science, Sao Paulo, pp.513.

4

水温の測定で陥る勘違い

測ると何が解るのか

　純水の密度は、１気圧のとき水温が４℃（厳密には3.98℃）で最大になる。密度は、温度がそれより高くても低くても小さくなる（図4-1）。水が凝固するとさらに密度が小さくなる。つまり軽くなるため、湖面にはる氷（固体の氷）は液体の湖水に浮かぶ。

　湖や川などの水温を測る意義の一つは、生物の生息・生育や物質の反応に温度が関係していることと、水の密度が水塊を区分して生物の生息場と環境を変化させることである。これらは、水域生態系における水生生物の活性と物質循環に大きく影響を及ぼす。

湖の水温を測る

　低地の温帯の湖は水温躍層が発達しないと密度躍層が強固にならないが、低地の熱帯の湖は表層水と深層水の水温の差が２〜３℃でも安定した密度成層が保たれている。琵

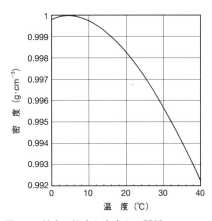

図4-1　純水の温度と密度との関係
水温が高くなるにしたがい水温変化に対する密度変化は指数関数的に増加する。熱帯湖では水温躍層の温度変化は小さいが、密度変化は琵琶湖より２倍も高い。琵琶湖の水温が高くなると表層水と深層水が混ざりにくくなるといえる

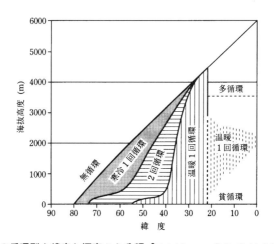

図4-2　湖の循環型を緯度と標高から分類［Hutchinson, G.E. & H. Löffler（1956）を一部改変した西條八束・三田村緒佐武（1995）から転載］
世界の湖は、氷で閉ざされた無循環湖（極地湖）、夏になると氷が解ける寒冷一回循環湖（寒帯湖）、夏と冬に停滞し春と秋に循環する二回循環湖（温帯湖）、夏に停滞し冬に循環する温暖一回循環湖（亜熱帯湖と熱帯湖）、昼夜の水温変化が激しく常に循環する多循環湖、深層まで循環しない貧循環湖などがある
琵琶湖は春から秋に停滞し冬に循環する温暖一回循環の亜熱帯湖、摩周湖とロシア・バイカル湖は冬に氷が張る二回循環の温帯湖、ブラジル・ドンヘルベシオ湖は温暖一回循環の熱帯湖である。循環期が長い湖は大気酸素と混合する機会が多く、一回循環湖の琵琶湖は二回循環湖よりも汚濁しやすく貧循環湖よりも汚濁しにくい

　琵琶湖では水温成層が発達していく夏以降に密度躍層が強固になり、表層水と深層水との物質輸送が遮られてくる。水生生物の多くは、表層水と深層水中で生息・生育することになる。

　　世界の湖を寒冷一回循環湖、二回循環湖、温暖一回循環湖、多循環湖などと湖水の循環型で分類することがある（図4-2）。冬に湖面が結氷するバイカル湖や摩周湖のような二回循環湖（温帯湖に多い）は、夏と冬に湖水は停滞し、春と秋に全層が鉛直混合するため、春と秋の年間2回、湖水は大気中の酸素と交換する機会がある（図4-3）。しかし、冬にのみ全層が鉛直混合する琵琶湖や田沢湖のような温暖一回循環湖（亜熱帯湖と熱帯湖に多い）は、大気酸素と交換できる機会

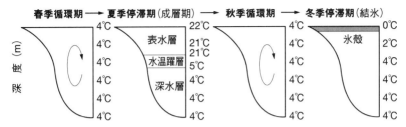

図4-3 温帯湖における水温の鉛直分布の季節変化［Welch, P.S.（1952）を一部改変した西條八束・三田村緒佐武（2016）から転載］
温帯湖の摩周湖は水温成層期の夏と冬に水が停滞して春と秋に循環する。亜熱帯湖の琵琶湖は春から秋に停滞して冬に循環する。図の夏季が琵琶湖の春から秋の夏季停滞期に、春季が冬季循環期に相当する

は冬の年間一回で、水温成層期の末期（秋季）に深層水の酸素が欠乏していく可能性が高くなる。

　なお、寒帯湖は、水温が年間を通して4℃以下の湖で、冬は結氷しており、夏に湖水の全循環が起こる寒冷一回循環湖である。温帯湖は、年間を通して4℃以下にも4℃以上にもなる湖で、夏は表水層の水温が深水層の水温より高い成層を形成し、冬は湖面が結氷し深水層は4℃付近で逆列成層を形成することが多い。温帯湖は春と秋に全層が循環する二回循環湖である。熱帯湖は、年間を通して4℃以上の湖で、成層する湖を温暖一回循環湖、年間を通して全循環している湖を多循環湖あるいは部分循環の貧循環湖としている。熱帯湖を、水温が20℃以下になる亜熱帯湖と、常に20℃以上の熱帯湖の2つに分けることがある。亜熱帯湖は、春から秋に成層して冬に全層循環する温暖一回循環湖である。

　水温が低いと溶存酸素の飽和量が高く、水温が高いと飽和量が低くなるため、水温が低い湖は、高い湖よりも溶存酸素量が多い。今日、環境問題にもなっている地球温暖化に伴う琵琶湖の水温上昇は、溶存酸素飽和量を減少させるとともに、密度躍層が強固になり深層

水の貧酸素化を促進させる。貧酸素化現象も、水温の鉛直分布の季節変化からも理解できる。琵琶湖は、摩周湖よりも貧酸素化が進行しやすい湖であるといえる。

川の水温を測る

　川の水は絶えず河口へと流れるため、水温は源流域の水温を基にして、気温変動に大きく依存した日内変化と年内変化が生じる。浅い川では、流れながら水が混合するため、水温の鉛直変化は小さいが、水深がある程度以上あるところでは、湖と似た鉛直変化になる。なお、湧水の影響がある流域では、水温の季節変化は小さく冬も結氷しにくい。

　川の調査場は、川岸から調査できる比較的浅いところが多い。里地や都市の小河川と人工水路で川の水温を測るときは、池と田からの流出や家庭と工場からの排水など、人間活動の影響を受けていることがある。小池、沼、田から水が流れ出る川では、春から夏に高い水温が測定されることがある。あらかじめ水系調査を行い、流入水と土地利用の影響の有無を調べておくことが重要である。川で水温を測るときは、水系の中の調査場の位置と調査地点の特性を知ると、河川生態系における水温の役割をより理解できる。

水温を正しく測る方法とは

　水温測定は思いのほか難しい。通常の環境調査で用いる温度計は、−20℃から＋50℃まで1℃ずつ目盛を表示したアルコール棒状温度計(赤液棒状温度計ともいう)で十分である。水温のみを測るのであれば−5℃までの温度計でよいが、調査時に気温を測るときは、同種類の温度計で水温と比較したいために−20℃まで測れる温度計を用

意したい。深い層の水温を測りたいときは、タオルを巻きつけた棒状温度計をその深度に下して一定温度になってから、すばやく引き上げたのち指示温度を読むこともできる。ある程度の深さまでの水温は、最高最低温度計でも測定できる（図4-4）。最高最低温度計は、水面に引き上げたとき、大気に触れ気化熱で指示温度が低

図4-4　U字型最高最低温度計で測る
調査水域に最高・最低温度計を沈めておくと、その期間の最高温度と最低温度を知ることができる

下しないようバケツに入れて最低温度を読む。この温度計は、深度とともに水温が低下する琵琶湖などで使用できるが、深層の水温が表層の水温よりも高い湖（塩分躍層がある湖など）では使えない。アルコール棒状温度計は、数℃も誤差をもっていることがある。温度計は検定された標準温度計を用いるか、標準温度計をもとに作成した補正表を用いて、正しい温度に換算できる温度計を使用したい。

　棒状温度計による水温測定は、温度計全体を水にしばらく浸けたのち、指示温度の高さまで水に浸けた状態で測る（図4-5）。これは、大気中に出たガラス部分の内径が、気温により膨張あるいは伸縮することを避けるためである。指示温度を読みにくいからと、棒状温度計を水中から大気中に取り上

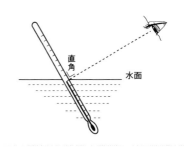

図4-5　棒状温度計の読み方
水温は指示温度の高さまで棒状温度計を水に浸けた状態で直角に読む

げて測定してはならない。これで得た値は、気温の影響を受けた値であるとともに、温度計に付着していた水分の蒸発熱の影響を受けた値である。一般に夏の水温は気温より低く、冬の水温は気温より高い。しかし、気温の影響、直射日光、風などに影響を受けた指示温度は、水温が気温より高くなることや低くなることなど間違った値を得ることがある。なお、棒状温度計は常に同じものを用いることが望ましいが、割れることがあるので補正表で検定したものを数本用意しておく。

　水温は、リーミスター、溶存酸素計、電気伝導度計、pH メーターなどでも測れる。しかし、これらも標準温度計と対比させて精度を確認しておかなければならない。

　調査現場で、棒状温度計を用いて表面水温を測る簡便な操作は次である。

　　①現場の水に棒状温度計を浸すことができないときは、容量5L 以上のプラスチック製バケツで試水を採取する。採水後に気温の影響を受けやすい金属製の容器は避ける。

　　②指示温度よりも上部まで試水に浸しながら、棒状温度計を水中で動かせる。一定温度になったことを確認する。ふつう数分間で一定温度に達する。

　　③指示温度の高さまで温度計を水中に浸けた状態を保ち、水温値を1℃の目盛の1/10まで読む。

　　④測定後の棒状温度計は、水分を拭き取った後、ケースに入れて冷暗所で保存する。アルコール温度計は太陽の紫外線によって赤色が劣化していく。

　なお、アルコール棒状温度計にはアルコールが入っていない。ふつう灯油か軽油を入れている。

気温の測定は難しい

環境調査では、ふつう、水温とともに気温を測定する。それは、湖や川の水温が気温に大きく影響を受けて変動するからである。環境調査で水温を測定するときは、調査場の気温を把握することが必須になる。しかし、気温測定は水温よりも難しい。間違った測定を避ける方法の基本と、環境調査の現場で気温測定の誤操作を避ける簡便な方法は次である。

①棒状温度計は、日光を避けるとともに暑い場所や寒い場所で保管しない。保管状態が悪い棒状温度計を現場気温にするには長時間を要す。

②水温測定用の温度計と併用して測るときは、使用前に温度計の水分を乾燥タオルで除く必要がある。

③棒状温度計の上端を指でかるく持つ。

④大気中で、棒状温度計をゆっくり10回ほど回転させて、温度計全体の温度を気温と等しくする。

⑤棒状温度計から離れて温度計の指示温度を読む。近づくと、測定者の呼気や体温が指示温度に大きく影響する。

⑥雨天時は、温度計に雨滴が付着しないように注意する。温度計の表面についた水分が蒸発・気化して、現場気温より低い値になることがある。

[第4章の引用・参考文献]

遠藤修一・山下修平・川上委子・奥村康昭（1999）：びわ湖における近年の水温上昇について．陸水学雑誌，60：223-228.

Hutchinson, G. E. & H. Löffler (1956)：The thermal classification of Lakes. Proceedings of the National Academy of Sciences of the United States of

America, 42: 84-86.

永田俊・熊谷道夫・吉山浩平 編 (2012)：温暖化の湖沼学. 京都大学学術出版会, pp.289.

Welch, P. S. (1952)：Limnology., McGraw-Hill, pp.538.

5

電気伝導度の測定で陥る勘違い

何を測っているのか

　電気伝導度とは、面積 $1\,m^2$ の電極 2 対を 1 m の距離に相対しておいたときの電極間の電気抵抗の逆数をいう。電気伝導度の値は、溶存している各イオンの当量電導度とイオン量に支配され(**表5-1**)、水温上昇に伴って増加する(**表5-2**)。電気伝導度値は、水を構成する各イオンの電気伝導度の各値を総和したものとして求めることができる。

$$EC = \Sigma\ EC_{ion} = \Sigma\ (\varLambda_{ion} \times C_{ion})$$

表5-1　イオン成分の等量電導度 ［半谷高久・小倉紀雄 (1995) から転載］

イオン	$\varLambda^{\infty}$ 無限希釈度における値 $[10^{-4}\,S\cdot m^2/mol]$	当量伝導率 $\varLambda$ $[10^{-4}\,S\cdot m^2]$			α_{25} 25℃における温度係数 $[K^{-1}]$
		0.001 M	0.01 M	0.1 M	
H^+	350	345	339	323	0.0139
Na^+	50.1	48.4	46.4	41.1	0.02
K^+	73.5	71.7	69.5	63.7	0.02
$1/2Mg^{2+}$	53.1	49.7	45.2	36.4	0.02
$1/2Ca^{2+}$	59.5	56.3	51.5	41.7	0.02
OH^-	199	196	192	181	0.018
Cl^-	76.4	74.3	72.0	65.7	0.02
$1/2\,SO_4^{2-}$	80.0	75.0	43.3	34.5	0.02
NO_3^-	71.4	69.3	67.1	60.4	0.02
$1/2\,CO_3^{2-}$	72	68.2	61.6	44.2	0.02
HCO_3	44.5	—	—	—	0.02

〔半谷高久・小倉紀雄, 水質調査法, 丸善株式会社 (1995) より〕

イオン成分の等量伝導度は異なる。淡水域のイオン成分は同じとは限らないため、電気伝導度値から琵琶湖と内湖と川など水域間でイオン成分とその量を比較できない

表5-2　塩化カリウム溶液の電気伝導度と温度変化

温度［℃］	0	10	20	25	30
電気伝導率［mS/m］	77.6	102.0	127.8	141.3	155.2
比率（25℃の値を100とする）	54.9	72.2	90.4	100	110

琵琶湖の電気伝導度は季節によって深さによって大きく変化する。夏の電気伝導度は
冬より高くなる。水温成層期では水温が高い表層水の電気伝導度は水温が低い深層水
より高くなる。ある温度（たとえば25℃）の電気伝導度値で比較すると水質の違いの
およそを知ることができる

ここで、EC は試水の電気伝導度($S\ m^{-1}$)、EC_{ion} はイオンの電気伝
導度($S\ m^{-1}$)、Λ_{ion} はイオンの当量電導度($S\ m^2\ mol^{-1}$)、C_{ion} はイオ
ンの濃度($mol\ m^{-3}$) である。

　市販の電気伝導度計を安価に入手できるようになって、湖や川の
環境活動で電気伝導度がしばしば測定される。電気伝導度の単位は、
1 m 当たりの S（ジーメンス）を使うが、1 cm 当たりの S を使うこと
もある。市販の電気伝導度計の中には、$\mu S\ cm^{-1}$ または $mS\ cm^{-1}$、
あるいは $mS\ m^{-1}$ または $S\ m^{-1}$ の単位で表示するものがあるため、
測定値に単位をつけて記載しなければならない。各イオン成分の当
量電導度が異なるため、希薄な電解質溶液の淡水の電気伝導度は、
水中の各イオン成分の存在割合によって大きく変動する。淡水の湖
や川で測る電気伝導度は、主要化学成分の多少のめやすの量を測っ
たにすぎない。

　水環境を理解する手だてに電気伝導度値を用いることができる。
その際、「湖や川のイオン成分のおよそを知るために電気伝導度を
測定する」のか、それとも「現場水にある物質の電気伝導のしやす
さの程度を知るために測定する」のかの目的を明らかにしておく必
要がある。それは、電気伝導度値が水温の変化とともに大きく変化
するからである（表5-2）。

　水温成層期の琵琶湖で、電気伝導度値から表層水と深層水のイオン成分量のおよそを比較したいときは、たとえば25℃に換算した電気伝導度の値で調べるとよい。しかし、表層水と深層水を構成する物質の電気伝導のしやすさを知りたいときは、現場水温における電気伝導度値として測らなければならない。市販の電気伝導度計の多くは、25℃に換算した値を表示しているが、そのように設定されているとは限らない。読みとった電気伝導度計値が25℃における値であるのか、現場水温における値であるのかを測定のたびに確認しなければならない。前回の測定者がいずれに設定して測定したかを無視すると、間違った値を得ることになる。

　電気伝導度は、化学成分量の異なる水塊を判別するときに役立つ。汽水湖で塩分躍層の上層と下層の電気伝導度値を比較すると、上層は河川水、下層は海水が浸入した水であることが解る（図5-1）。とくに、深層に高い密度の水塊が滞る部分循環湖（たとえば、海水が浸入する三方五湖の水月湖）では、深層水が無酸素水になりやすい理由などが電気伝導度の鉛直分布から解る。そして、水系が異なる電気伝導度値を比較することにより、流域の地質が河川水質に反映することを知る手がかりにもなる。たとえば、源流域が石灰岩地質の芹川の電気伝導度（30 mS m⁻¹）は、琵

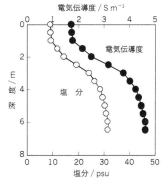

図5-1　汽水湖・中海の電気伝導度と塩分の鉛直分布［水ハンドブック（2004）から転載］
汽水湖と感潮河川の塩分は電気伝導度から計算できる。電気伝導度を測れば、中海の表層水は斐伊川・宍道湖の淡水、深層水は日本海の海水侵入水であることが判る。しかし、淡水湖（琵琶湖）と淡水河川と塩湖と塩河川の塩濃度は電気伝導度値から求めることができない

琵琶湖の電気伝導度 (13 mS m⁻¹) より高い。芹川河口域の芹川水と琵琶湖水の混合状況から湖水の水質形成メカニズムのおよそを知ることができる。

　しかし、異なる電気伝導度値を得たとしても、異なる水塊が存在する可能性の情報を得たにすぎず、各イオン成分の構成比とそれらの量を求めることができない。それは、電気伝導度値は、構成イオン成分の濃度と等量電導度との総和として測定するため、イオン成分が異なっていても、双方の水の電気伝導度が同じ値になるときも異なる値になることがあるからである（表5-1）。琵琶湖水と流入河川水の電気伝導度が同じ値であっても、湖のあるイオン成分濃度が川に比べて数倍高いときも、数分の一のこともある。双方の各イオン成分を分析して、その結果からイオン成分の多少を論じなければならない。このことは、芹川の電気伝導度の値が琵琶湖の値に比べて2.3倍高いからといって、2.3倍高いイオン成分が流入していたと判定することも早計になる。電気伝導度から各湖沼間、各河川間、湖沼と河川間で水質を論じるときも、同様の勘違いを避けなければならない。

測れない成分は多い

　電気伝導度は、水中のイオン量とその当量電導度に支配された値である。したがって、水中のガス成分と懸濁・溶存有機物など電荷をもたない成分は、電気伝導度値に反映されない。イオン態で存在する窒素、リン、ケイ素などの栄養塩は、主要イオン成分の濃度に比べてきわめて低い。栄養塩の多少は、電気伝導度値の高低から判断できず、調査水が富栄養水である、あるいは貧栄養水であると判断するのは早計である。同じ試水で測定した栄養塩や生物量などの

結果に従わなければならない。淡水では、pH 変動が全炭酸系の各化合物を変化させるため、電気伝導値に影響することがある（図5-2）。しかし、主要イオン成分濃度が高い塩湖や汽水湖の電気伝導度値は、全炭酸化合物の影響が小さい。

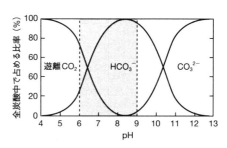

図5-2 pHの変化と全炭酸中の各態炭酸の割合
淡水の電気伝導度は全炭酸化合物の化学形態によって異なる。この形態はpHによって変化する。pH7 ～ pH9の琵琶湖は炭酸水素イオン量の多少が電気伝導度に影響する

海水の主要イオン成分の組成比は均一である。電気伝導度の値が決まれば、海水中の主要イオンの各成分の濃度を求めることができる。しかし陸水は、水域によって主要イオン成分が異なるため、電気伝導度から主要イオン成分の各濃度を求めることができない。汽水域や大湖など主要イオン成分の構成比に変化が小さい水では、面倒な主要イオン成分濃度を調査のたびに測る代わりに、安易な電気伝導度の測定から主要イオン成分濃度を推定することができる。琵琶湖北湖の沖帯では、電気伝導度の値から各主要イオン濃度のおよそを算出できる。なお、琵琶湖の電気伝導度値が、塩化物イオン濃度の増加に伴って、高度成長期の約10 mS m^{-1}からおよそ50年間で1.3倍に増加していることも考慮する必要がある。

電気伝導度は水温で変化する

電気伝導度の値は、水温が1℃上昇すると約2％増加する。同じ水でも、水温が異なると電気伝導度値が異なるため、ふつう25℃の値に換算している。現場水温における電気伝導度値は、25℃で表示

された電気伝導度計の値から次式で求めることができる。

$$K_t = K_{25} \ \{1 + a \ (t-25)\}$$

ここで、K_t は現場水温 t℃ における電気伝導度 (S m^{-1})、K_{25} は25℃における電気伝導度 (S m^{-1})、a は各イオンの電気伝導度の温度定数である。

　自然水の各イオンの25℃における温度計数 (a_{25}) は約0.02である (**表5-1**)。温度定数も水温によりわずかに変化するが、表示桁数を大きくしない限りは電気伝導度値に影響しない。なお、温度係数値は塩濃度にほとんど左右されない。そして水素イオンの温度係数は低いが、このイオン量はきわめて低いためこれも考慮する必要がない。

測定を誤らないために

　電気伝度計は、電磁誘導法あるいは交流電圧方式電極で測定するものが多い。電磁誘導法による電気伝導度計は、海水や汽水など高電解質の水に適しており、かつ保守が比較的簡便である。しかし、琵琶湖のような淡水を電磁誘導法で測定した値は、検出限界近くで測定している。一方、交流電圧方式電極による電気伝導度計は、電極のセル定数を選択することにより、低い値 (10 μS m^{-1}) から高い値 (10 S m^{-1}) まで測定できる。いわゆる水質計と称している携帯型の電気伝導度計の多くは、この交流電圧方式電極である。

　これらの電気伝導度計は、電極に粒子が付着すると正確な値を得られない。測定した後は、電極が乾燥する前にろ紙などで電極を拭いておきたい。長期に電気伝導度計を使用していると、センサーが劣化して値が徐々に変化すことがある。しばらく使わなかった電気

表5-3　塩化カリウム標準液の調整方法

調製方法	KCl 標準液 (μS m^{-1})		
	0℃	18℃	25℃
74.2460gのKClで純水で溶かし，20℃で1 Lにする.	6518	9784	11134
7.4365gのKClでを純水で溶かし，20℃で1 Lにする.	713.8	1116.7	1285.6
0.7440gのKClでを純水で溶かし，20℃で1 Lにする.	77.38	122.05	140.88
74.40mgのKClでを純水で溶かし，20℃で1 Lにする.			14.693

電気伝導度計の標準溶液は塩化カリウム溶液で調製できる

　伝導度計は、使用前に標準液を用いて校正すべきである。この標準
溶液は市販されているが、塩化カリウムと純水から簡単に調製でき
る（表5-3）。電気伝導度計が正確な値を得る状態にあるか否かを確
かめる簡便な方法は、同じメーカーが同じ日に製造したミネラル
ウォーターを電気伝導度計の標準代用液として測定時ごとにチェッ
クするとよい。

[第5章の引用・参考文献]

Endoh, S., I. Tsuji, M. Kawashima & Y. Okumura（2008）: A new method for temperature compensation of electrical conductivity using temperature-fold dependency of fresh water. Limnology, 9: 159-161.

半谷高久・小倉紀雄（1995）：水質調査法．丸善株式会社，pp.335.

三田村緒佐武（2014）：琵琶湖における水環境調査の定期観測方法の検討．滋賀大学平成25年度研究推進プログラム研究成果報告書，21-27.

Mitamura, O., M. Nishimura, M. Tanaka & A. Yayintas（1997）: Comparative investigation of biogeochemical characteristics in the Anatolian lakes, Turkey. Verhandlungen der Internationalen Vereinigung fur Theoretische und Angewandte Limnologie, 26: 360-368.

水ハンドブック編集委員会 編（2004）：水ハンドブック．丸善株式会社，pp.704.

小倉紀雄（1987）：調べる・身近な水．講談社，pp.164.

Saijo, Y., O. Mitamura, K. Hino, I. Ikusima, J. G. Tundisi, T. Tundisi, T. Sunaga, N. Nakamoto, H. Fukuhara, F. A. R. Barbosa, R. Henry & V. P. Silva（1997）: Physicochemical features of rivers and lakes in Pantanal wetland. Japanese

Journal of Limnology, 58: 69-82.

6

pHの測定で陥る勘違い

何を測っているのか

　水の分子は、一部が水素イオンと水酸化物イオンに電離している。両イオンの濃度の積は一定であり（水のイオン積：Kw ＝［H⁺］［OH⁻］）、25℃、1気圧の下ではきわめて低い。酸性度あるいは塩基性度（アルカリ性度）を表す水素イオン濃度（正しくは水素イオン活量）は広範囲に変化する。したがって、これに代わって、水1L中の水素イオンのモル数の逆数を常用対数で表した値を pH 値として酸性度の指標にしている。

$$H_2O \rightleftharpoons H^+ + OH^-$$
$$Kw = [H^+][OH^-] = 1.008 \times 10^{-14}$$
$$pH = -\log[H^+]$$

　ここで、H_2O は水、H^+ は水素イオン、OH^- は水酸化物イオン、Kw は水のイオン積、［H⁺］は水素イオン濃度、［OH⁻］は水酸化物イオン濃度をそれぞれ示す。
　純水の水素イオン濃度を pH で表すと7.0にきわめて近い。純水の pH は水温に大きく依存するが、イオン成分を含む水も水温で変化する。一般に、水溶液の性質を酸性度とアルカリ性度に分けて、pH ＜7.0の水を酸性、pH ＜7.0の水をアルカリ性、そして pH ＝7.0

の水を中性と呼んでいるが、これは水温が25℃のときである。水素
イオン濃度の活量係数は、高塩水では１より低いが、純水では１で
ある。したがって、塩濃度が低い淡水の湖や川で測ったpH値の信
頼度は高く、塩濃度が高い塩湖や汽水域で測った値の信頼度は低い。

pH値は水温で変化する

　pHは水温により大きく変動する（表6-1）。水温が高くなればpH
は低くなり、水温が低くなれば高くなる。そこで、純水で満たされ
た湖水や河川水を仮に想定して、水のイオン積を基として中性の
pHと水温との関係を考える。たとえば、純水で満たされた琵琶湖
を仮に想定すると、水温30℃になる夏の琵琶湖の中性pHは6.9であ
るが、水温10℃に低下する冬の琵琶湖の中性pHは7.3になる。湖や
川の中性pHは、水温に関わらずpH7.0であると勘違いしてはなら
ない。pH7.0よりわずかに低い水を弱酸性、pH7.0よりわずかに高い
水を弱アルカリ性であるというのも早計である。

表6-1　純水のpHと温度［半谷高久・小倉紀雄（1995）から転載］

温　度（℃）	K_w*	pH
0	0.113×10^{-14}	7.47
5	0.185　〃	7.37
10	0.292　〃	7.27
15	0.450　〃	7.17
20	0.681　〃	7.08
25	1.008　〃	7.00
30	1.468　〃	6.92
35	2.089　〃	6.84
40	2.917　〃	6.77

＊$K_w = [H^+][OH^-]$

pH値は、水温が低くなると高くなり、高くなると低くなる。純水のpHがpH7.0にな
るのは水温25℃のときである

　実際には、純水で満たされた湖や川は地球上に存在しない。湖水
や河川水は水系の地質と接触反応して物質を溶かすため、この水は
溶存成分の緩衝作用を受けている。すなわち、陸水のpHは、水に
溶解している構成イオン成分とその量に影響を受けることになる。
湖や川には、各イオン成分の濃度が低い水から高い水まである。塩
湖では、pH変動が小さくなるように緩衝作用が働く。全炭酸化合
物をはじめ、pH値を変化させる化学物質が加わったときも、pH
の変化を小さくさせる緩衝能が生じる。そして、水中の各化学成分
量は水温変動によって変化するため、化学成分のそれぞれがpH値
に影響を与えている。pH測定の実際では、水温との関係を正確に
見積もることが困難になる。湖水や河川水の水温変化に伴うpHの
変動は、これらの影響を受けた値と考えるべきである。

pH値は塩濃度で変化する

　天然水は種々の化学物質が溶解している。その化合物の自己解離
の程度によってpH値が決定される。自己解離定数は、水温の上昇
に伴って増大し、圧力の上昇に伴っても増大する。高濃度の主要イ
オン成分が溶存している塩湖や海のpH値は、イオン成分の濃度が
反映した自己解離・イオン積を考える必要がある。たとえば、10^{-3}
mol L^{-1}の塩化水素水溶液はpH3、10^{-3} mol L^{-1}の水酸化ナトリウ
ム水溶液はpH11になる。この強酸性あるいは強アルカリ性の水溶
液は、他の成分のイオン積がpH値に与える影響をほとんど考慮し
なくてよい。しかし、これが希釈されて弱酸性あるいは弱アルカリ
性の水溶液になると、水分子のイオン積が関与したpH値を考える
必要がある。たとえば、10^{-5} mol L^{-1}の塩化水素水溶液を純水で1,000
倍に希釈した液のpH値を、pH8と答えてはいけない。それは、希

釈した塩化水素水溶液の水素イオン濃度10^{-8} mol L^{-1}に水分子の電離によって生じる水素イオン濃度（おおむね10^{-7} mol L^{-1}）を考慮してpHを計算しなければならないことを失念した勘違いである。

雨水の pH を測る

　純水の pH を測ることは難しい。純水の pH の理論値は、25℃においてpH7.0である。1気圧の現大気1 m³中には、二酸化炭素がおよそ400 cm³含まれている。雨水や湖水・河川水の pH は、この二酸化炭素を水に溶解している値である。大気中の二酸化炭素分子が水分子と混合すると、まず水和が起こり、水和した二酸化炭素（CO_2〈溶存〉）の一部が炭酸になる。炭酸は、比較的速やかに全炭酸系の各炭酸化合物（二酸化炭素、炭酸、炭酸水素イオン、炭酸イオン）へと反応・移行する。天然水の pH は、大気の二酸化炭素が水へ溶解して、全炭酸化合物の各化合物の量を変動させて値が決まる。

$$CO_2(大気) \rightleftharpoons CO_2(溶存) + H_2O \rightleftharpoons H_2CO_3 \rightleftharpoons H^+ + HCO_3^-$$
$$\rightleftharpoons 2H^+ + CO_3^{2-}$$

　ここで、CO_2（大気）は大気中の二酸化炭素、CO_2（溶存）は水中の二酸化炭素、H_2O は水、H_2CO_3は炭酸、H^+は水素イオン、HCO_3^-は炭酸水素イオン（または重炭酸イオン）、CO_3^{2-}は炭酸イオンである。

　大気中の二酸化炭素が水に溶解して炭酸になる割合、溶解後の炭酸が水素イオンと炭酸水素イオンに解離する割合、炭酸水素イオンが水素イオンと炭酸イオンに解離する割合のそれぞれは水温によって異なる。純水をしばらく空気中の二酸化炭素濃度と平衡状態になるまで放置したときのpH はpH5.6になる。しかし、このような状

態の水は地球上に存在しない。大気に触れた水は、二酸化炭素以外
の大気成分を溶かしている。容器に閉じ込めた水は容器の物質を少
なからず溶かしている。

　ふつうの雨は、地表に着く間に大気中の二酸化炭素を吸収して水
素イオン濃度が約$10^{-5.6}$ mol L^{-1} (pH5.6) になる。さらに、人間活動
が放出する酸性物質 (二酸化窒素、二酸化硫黄、その他の無機・有機の酸
性物質など) が大気中に含まれると、雨にこれらが溶けて pH が
pH5.6より低くなる。これを酸性雨と称している。しかし、海洋の
沿岸域の工業地帯では、大気中の二酸化炭素とともに、海洋から緩
衝能がある風送塩が雨水に溶けるため pH5.6より高くなることがあ
る。このときは、pH5.6以上の雨水も環境問題の酸性雨とすべきで、
pH5.6以下を酸性雨と決めつけるのも早計になる。さらに、酸性雨
の基準値 pH5.6は、酸性雨を環境問題としていたときの大気中の二
酸化炭素濃度 (360 cm^3 CO$_2$ m^{-3}) を基にしていた。環境問題・地球温
暖化の原因物質の一つの二酸化炭素が大気中で増加 (現在の二酸化炭
素量は400 cm^3 CO$_2$ m^{-3}) している。これが雨水の pH 値をさらに低下
させるため、近い将来の酸性雨の基準値を pH5.6より低くしなけれ
ばならない。この pH5.6は日本の酸性雨の基準値である。欧州の多
くは基準値を pH5.65と厳密にしているが、米国は基準値を pH5.0と
およその値を採用している。国によって酸性の雨を環境問題にする
かしないかの環境施策が異なる。情報を読むときは勘違いしないよ
うにしたい。さらに、雨水の pH は、雨滴の温度によっても値が変
動することも理解しておく必要がある。

　雨水の pH 測定は難しい。それは、純水に近い雨水が全炭酸化合
物の他に緩衝能をもつイオン成分をほとんど含まないためである。
緩衝能が低い雨水の pH を pH 指示薬で測ると、指示薬自体の示す

酸性あるいはアルカリ性が雨水に影響を与え精度よく測定できない。そして、pH を測る水量になるまで、雨水を採取し続けると、容器に水を溜めている間に、容器からイオン物質が水へ溶出する。容器の材質に細心の注意が必要である。

淡水の pH を測る

ふつうの湖水と河川水の pH は、pH6 ～ pH9の範囲にあり、水中の全炭酸化合物の各形態の多少が値を左右している(図5-2)。そして、淡水と塩水と汽水の pH は、水中の塩組成とその濃度に大きく影響を受けている。琵琶湖水系の湖や川のように、塩濃度が低い淡水では、全炭酸化合物のイオン積の影響が大きくなり、これが pH に影響を及ぼしている。その pH は水温によって変化する (表6-1)。

太陽光が十分到達する湖の生産層では、植物が全炭酸を使って有機物を生産する。一方、光が十分届かない分解層では、水生動植物と微生物が有機物を呼吸・分解に使って全炭酸を放出する。言いかえれば、生産層では、昼間に光合成が呼吸・分解を上回ると pH が上昇し、夜間に光合成が起こらず pH が下降する。分解層では常時、呼吸・分解が光合成を上回り pH が下降してゆく(図6-1)。とくに、植物プランクトンや水草が多い富栄養湖では、生産層で昼間の pH がかなり高くなることがある。

$$CO_2 + H_2O \rightleftharpoons (CH_2O) + O_2$$

ここで、CO_2は二酸化炭素、H_2O は水、(CH_2O) は植物の光合成作用で生産される炭水化物 $(C_6H_{12}O_6)$ の簡略式、O_2は光合成作用で水の光分解で生じる酸素をそれぞれ示す。

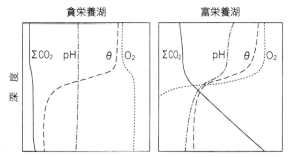

図6-1　夏季停滞期の貧栄養湖と富栄養湖における水温（θ）、pH、溶存酸素（O₂）、全炭酸（ΣCO₂）の鉛直分布［Wetzel, R.G.（2001）を一部改変］
中栄養湖の琵琶湖は、水温躍層の上層で植物プランクトンの光合成が水生生物の呼吸・分解を上回りpHが高くなる

　湖で測るpH値は、ふつう、大気と湖水が十分混合して全炭酸が飽和状態になったときのpH（RpH）と、生物過程が駆動させたpH（ここではBpHと記す）を加えたものである。なお、RpH値を変動させる溶存物質は、淡水では全炭酸が多く、塩水になると全炭酸以外の化学成分が多くなる。RpH値は、全溶存物質の酸性度を示す試水固有のpH値と考えてよい。BpH値を変動させる溶存物質の多くは全炭酸であり、光合成と呼吸・分解に伴う全炭酸の増減が酸性度を変化させたと考えてよい。言いかえれば、琵琶湖で測るpHは、化学物質の酸性度と、生物反応が関与した酸性度の総和を測定していることになる。したがって、塩濃度が低い淡水湖や塩湖（たとえば、塩濃度が3g L⁻¹以下の亜塩湖）で測ったpH値はRpHにBpHを加えた値であるが、塩濃度が高い塩湖（たとえば、塩濃度が20g L⁻¹以上の強塩湖や超塩湖）で測ったpH値はおもにRpHであると考えてよい。天然水のpHは、この静的因子（RpH）と動的因子（BpH）を測っており、pHを変動させる主要因は動的因子の影響の大小で決まる。すなわち、塩濃度の低い淡水湖（たとえば、琵琶湖など日本の内陸湖沼）や塩湖で測

定した pH 値は、生物活性が水素イオン濃度を減少させると RpH 値より高くなり、生物活性が水素イオン濃度を増加させると RpH 値より低くなる。

川の中流域などに、浅くて流れが速い「早瀬」、深くて流れが遅い「ふち」、分離され沼状態になっている「たまり」が見られる（図6-2）。早瀬の水は大気と常に混合しているため、二酸化炭素が飽和

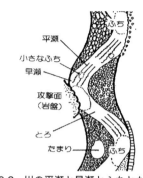

図6-2　川の平瀬と早瀬とふちとたまり
琵琶湖流入河川の中流域でも、浅くて流れが速い早瀬、深くて流れが遅いふち、流れから分離されて沼状態になったたまりを観察できる

状態になり pH の変動は小さい。しかし、水生生物が多いたまりの水は、生物活性が全炭酸化合物を増減させるため昼夜の pH 変動が激しい。このことは、川の上流域や早瀬で測る pH は、RpH（河川水固有の pH 値）であることを意味している。水が淀んだたまりで測る pH は、BpH（生物過程の pH）の変動の程度によって RpH より高いことも低いこともある。流れが遅いふちの pH 変化は双方の影響の差で決まると考えてよい。都市河川などでも水生生物が生息しているか、水の流れが大きいかによって pH 値の変動が異なる。

調査水が大気と接している状況を知ることによって、測った pH は物理・化学的水質の RpH を測っていたのか、それとも RpH の水素イオン濃度と生物反応が影響した BpH の水素イオン濃度を加えた酸性度の指標を測っていたがおおよそ解る。測定した pH の意味を理解することなく、高い pH 値を得たときはアルカリ性物質が、低い pH 値を得たときは酸性物質が水に混入したという思いこみは勘違いである。

塩水のpHを測る

　塩水と汽水のpHを決める要素は淡水と異なる。水中に溶存する
カルシウムイオン濃度と炭酸イオン濃度がpHに影響を与えること
が多い。塩濃度が高い塩湖や汽水湖では、この反応がpHに緩衝能
を働かせている。人間活動がこの水に化学物質を負荷しても、pH
の変動幅は緩和される。塩濃度が高い水域のpH変動は、淡水域の
pH変動に比べて幅は小さく、pH変化も緩慢であるといえる。

測った値はpHかRpHか

　湖や川の酸性水質あるいはアルカリ性水質を知りたいのか、ある
いは、水生生物の光合成と呼吸・分解の程度を知りたいのかを理解
しておかなければならない。その目的の違いによって、RpHを測
定するか、BpH(pHとRpHの差)を測定するかが決まる。
　水生生物の活性による酸性あるいはアルカリ性への反映度を調べ
たいときは、調査水のRpHの変動幅をあらかじめ調べた上で、生
物が影響を与えたpHの変化量(BpH)を見積もる必要がある。湖や
川の水質が元来示すRpHの幅は、水量変化、水温変化に対応させ
て測ったpHを記録しておくと、そのおよそを知ることができる。
測ったpHが、昼夜間あるいは季節によって変動したならば、その
水は、光合成や呼吸・分解などの生物反応に伴って変化したと考え
ることができる。琵琶湖のRpH値は、湖水が大気と混合する冬の
循環期のpH(およそpH7.0)である。これより高い生産層の湖水は光
合成が、これより低い分解層の湖水は呼吸・分解が卓越していたこ
とになる。このBpHをさらに詳細に調べたいときは、測定したpH
値の水素イオン濃度から、RpH値の水素イオン濃度を差し引いて、

その水素イオン濃度が調査水に影響を与えたとして考えることもできる。なお、これらの pH と RpH は固定水温（たとえば25℃）の値でなければならない。

　湖水や河川水の固有 pH 値を知りたいときは、調査場の標高における大気中の二酸化炭素で飽和させた RpH を測定することになる。RpH は、生物過程が変化させた BpH を含まない。同じ湖で、異なる深さの水の pH を測定したとき、その値が異なっていても RpH は等しいことが多い。これは、湖水の主要イオン量は同じであるが、生物活性による全炭酸化合物の増減が pH を変化させたことを意味する。RpH を測定する手順は次である。

①調査地の大気中の二酸化炭素と試水の全炭酸が平衡になるように、採取した試水をエアーポンプや簡易通気装置で10 ～ 15分間通気する（図6-3）。フラスコに入れた試水を手で数分間激しく振るか、マグネチックスターラー回転子で水を激しく攪拌（かくはん）してもよい。

②調査地の標高と異なる測定室へ持ち帰って RpH を測るときは、調査地の標高の二酸化炭素分圧になるように測定室を調整して通気・攪拌を行う。

③その後の RpH の測定手順は pH と同様である。

pH 測定の勘違いを防ぐために

　現場の pH 値を測定室へ持ち帰って測るときは、試水の移動方法に注意が必要である。空気にふれる状態で水を移動したときの pH は、その間に試水中の全炭酸化合物が大気中の二酸化炭素と平衡状態の RpH 値に近づいていく。現場水の

図6-3　簡単な通気法
大気の二酸化炭素を飽和させる簡便通気法は、湖や川の現地でRpHを測るときに便利である

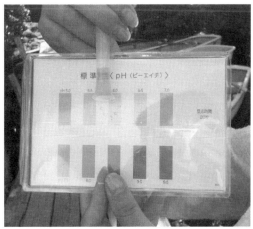

写真6-1　指示薬法で学生が琵琶湖と河川のpHを測る
指示薬法は現場で速やかにpHを知ることができる。パックテストの指示薬でも測定できる

全炭酸が大気中の二酸化炭素より少なく未飽和であるときはpHが低くなり、全炭酸が過飽和のときはpHが高くなる。しかも、このpHは移動後の水温における値を測っている。持ち帰った水で現場水温におけるpH値を推定したいとき、淡水であれば、測定水温と現場水温が分かればおよその値を算出できる。なお、水温25℃におけるpHを測るときは、この移動による問題点はない。標準色と比べて、pH指示薬法やパックテスト法などのpH比色法でpHを測定するときは、pH値が示す意味を理解する必要がある(**写真6-1**)。

理解する目的でpHの測定方法が異なる

　止水性の湖や川では、夏に水温成層が生じることがある。生産層と分解層のpH値は、水生植物の光合成と水生生物の呼吸・分解の程度によって変化する(**図6-1**)。

　このことは、現場水の全炭酸化合物が未飽和状態であるときの生

産層の水や、過飽和状態であるときの深層水を攪拌して pH を測定すると、現場の pH 値を得ることができない。水生生物の光合成と呼吸・分解作用が影響した現場水の pH 値（RpH と BpH が関与した pH）を知りたいときは、次の手順で測る。

①空気に触れないように試水を採取する。

②水生生物の活動が pH の変化に与える影響を最小限にするため、採取後の水は速やかに測定する。

③水を移動させて測るときは、ガラス製の密閉容器、あるいは密閉度が高いプラスチック製の容器に水を満たし薄暗くして持ち運ぶ。

④現場水温で測定できないときは、測定時の水温における pH を現場水温の pH に換算する。ただし、25℃の水温に換算している計測器があるのでこれを確かめる必要がある。

⑤試水を攪拌して測ってはならない。攪拌すると、試水の pH を変化させる。

　一方、試水固有の RpH 値を知りたいときは、試水を十分攪拌して全炭酸を飽和状態で測定する。ここで得た RpH 値は生物過程による BpH 値の影響を受けていない。

　したがって、昼間に、pH 値がわずかに上昇した理由を水生植物の光合成が大きかったと判断することは早計になる。それは、水温変化に差が無かったのか、pH 値の数値を四則計算した値で比較しなかったか、測定手法に差が無かったのか、などの諸要因を十分検討した上で判断しなければならないからである。pH 値が高くなった、pH 値が低くなった理由を考えるときは、pH の測定目的を定め、pH の変動要因が何であったのかを十分理解しておく必要がある。

方法によって pH 値は異なる

　pH の値は測定方法によって異なる。pH 指示薬を添加して測る
方法は、指示薬が酸性化合物あるいはアルカリ性化合物のため、添
加量が試水の酸性度あるいはアルカリ性度を高めることがある。そ
して、この比色法は、pH 変化に伴う色調の変化が一定でないため、
同じ試水を異なる指示薬で測定すると値が一致しないことがある。
湖や川の pH は、ふつう pH6から pH10までの範囲にあるため、ブ
ロモチモールブルー (BTB)、フェノールレッド (PR)、チモールブルー
(TB) の３列から測ればよい (表6-2)。雨の pH を測るときは、pH4
〜 pH6を測れるブロモクレゾールグリーン (BCG) とブロモクレゾー
ルパープル (BCP) の２列も準備する。これらの指示薬の列は、調査
水の pH を想定して、pH 範囲の中ほどになるように選ぶ。ただし、
同じ水域で定期的に水環境調査を行う際には、できるだけ同じ指示
薬を用いることが望ましい。いずれの指示薬を用いて測定しても、
pH の値とともに用いた指示薬の名を付記する必要がある (たとえば、
pH7.6 〈PR〉のように記載する)。比色法で用いる指示薬と標準比色管は、
日光と高温により劣化するため、冷暗所で保存するとともに、長期

表6-2　pH指示薬の種類

指示薬	pHの範囲	色調の変化
TB（チモールブルー）	1.2〜2.8	紅〜黄
BPB（ブロモフェノールブルー）	3.0〜4.6	黄〜青
BCG（ブロモクレゾールグリーン）	3.8〜5.4	黄〜青
BCP（ブロモクレゾールパープル）	5.2〜6.8	黄〜紫
BTB（ブロモチモールブルー）	6.0〜7.6	黄〜青
PR（フェノールレッド）	6.8〜8.4	黄〜赤
CR（クレゾールレッド）	7.2〜8.8	黄〜紅
TB（チモールブルー）	8.0〜9.6	黄〜青

琵琶湖と流入河川の多くはBTBかPRかTBのいずれかで測ることができる。雨のpH
はBCGかBCPで測る

間の使用を避けなければならない。

　pH 指示薬で測った pH の値は、電極法による pH の値としばしば異なる。JIS が推奨するガラス電極法は、薄いガラス膜を隔てて2種の溶液を接触させ、両液の pH の差に比例した電位差がガラス膜に発生したものを測っている。pH 指示薬やガラス電極で得られる pH の値は、これら指示薬や電極に影響された値である。純水の pH を実測することが困難である理由の一つは、測定過程が pH 値に影響を与えるからである。市販の pH メーターの多くは水温25℃の値で表示している。この pH メーターを用いて現場水温における pH 値を測りたいときは、得た pH 値を現場水温の値に換算しなければならない。

　市販の pH メーターの誤操作の一つは、pH 電極を挿入した状態で、水をマグネチックスターラー回転子で激しく攪拌させて空気を混入させることや、少量の試水を空気に触れさせて測定することによって生じる。この操作で得た pH 値は RpH 値に近い。これを防ぐためには、水を細長いビーカーに満たし、これを静かに攪拌させて測るとよい。

pH の平均値を求める方法

　pH は水素イオンのモル数の逆数の常用対数値と定義している。pH の平均値を求めたいときは、pH 値の元になる水素イオン濃度に数値を戻し、この水素イオン濃度の平均値を再び pH と表現したものを平均値にする必要がある。pH の比も同様に得た pH 値を水素イオン濃度に数値を戻して求める必要がある。たとえば pH5.0と pH7.0の2試料の平均値は、水素イオン濃度の平均値を pH として表現した pH5.3になるからである。測定した pH 値の数値を平均し

たものを平均 pH 値としたいときは、pH6.0（pH 値の算術平均値あるい
は相加平均値）と記さなければならない。これは、pH5.0の水は pH7.0
の水より水素イオン濃度が100倍高いにもかかわらず7/5倍高いと表
現する間違いと似ている。測定 pH 値の中央値で表示すると、調査
水域の酸性度のおよそが解り、正しい平均 pH 値か、間違った平均
pH 値かの思考混乱を防ぐことができる。

　ただし、pH 値の中央値あるいは正しい平均 pH 値であっても、
同一水域で測定した値で、かつ同一水温の下で測定した値に限られ
る。塩濃度が異なる水の pH、水温が異なる pH、pH と RpH が混
在した値は、中央値としても平均値としても表示できない。さらに
は、生物活動により変化した BpH を含む pH か、それとも試水固
有の全溶存物質の酸性度を示す RpH の pH かを記すべきである。
pH 測定の目的に密接にかかわる測定方法も記す必要がある。なぜ
ならば、これらを付記しないデータは、水域のいかなる特性を表す
pH 値であるのかを解読することが困難になるからである。

　水環境活動にかかわる者が、pH 測定の勘違いと過ち防ぐための
基本を次に記す。

　　①pH の基本理論は純水の pH 科学であるため、基本理論のみから
　　　は自然水域における pH の動態のすべてを理解することは不可能
　　　である。

　　②しかし、pH の基本理論を無視して測定してはならない。pH の科
　　　学を理解すると、測定した pH が何を意味しているのかを知るこ
　　　とがでる。

　　③指示薬法で pH を測定するときは、同じ試料で電気伝導度を測定
　　　しておくとよい。電気伝導度の値が数十 mS m^{-1}より低い淡水の
　　　pH 値は、pH 指示薬の影響を受けた値である。

④調査水域における水生植物の光合成活性あるいは水生生物の呼吸・分解活性の程度を知るために pH を測るのか、それとも調査水固有の溶存化学成分が与える pH 値を知るために RpH を測定するのか。水環境の何を知るかの測定目的をもつことが必須である。

パックテストで pH 測定を失敗しないために

　環境学徒が pH を調べるとき、簡易測定法のパックテストを採用することがある (写真6-1)。pH の理論とともに、調査目的に適した操作方法を選ぶと測定の間違いが少なくなる。

　パックテスト法の過ちの一つは、比色法の指示薬が不明であることに起因する。指示薬名が記されているとその指示薬で得た pH 値であることがわかる。しかし、混合指示薬とのみ記載されたパックテストを用いたときは、いかなる反応に従った pH 値であるかが不明であり、正しい pH 値を得ることができたかの疑問が生じる。指示薬が不明の測定値を公表するときに信頼度が低くなると考えなければならない。なお、雨水の pH をパックテスト法で測りたいときは、ブロモクレゾールグリーン (BCG) 指示薬で pH3.6から pH6.2までおよその値を測ることができる。

　パックテスト法も水温と塩濃度により pH 値は変化する。塩濃度の影響が小さい淡水試料であっても、採水現場の水温を測定しておかなければならない。そして、測定時の水温で測った pH 値を記載 (たとえば、pH7.5〈測定時水温20℃、現場水温15℃〉のように付記) する。これは、現場水温の pH を知りたいときに換算できるからである。

　pH の誤測定の一つは、採水用具と保存容器の材質が原因になる。金属容器に試水を移して測定したとき、考えられない pH 値を得る

ことがある。金属容器は、金属が試水と反応して水のpHを大きく変化させるため、プラスチック容器が無難である。試水を持ち帰って測定するときは、密閉度が高い容器を用いなければならない。

　パックテスト法の誤測定は、測定者がパックテスト・チューブに直接手を触れるなど、思わぬ汚染が原因になる。とくに夏は、測定者自らの手汗による汚染に注意しなければならない。誤測定を少なくする操作方法は、パックテストの基本手順とその簡便操作に従うとよい（**表6-3**）。パックテストは、比較的高価であるため、使い残したパックテストを次回の測定に使うことがある。しかし、比色試薬は時間とともに劣化するため、冷暗所で保存するとともに長期間の使用をさける。パックテストが測定できる状態にあるのか、それとも劣化したのかを調べる方法は、新旧のパックテストで測ったpH値が同じであれば、古いパックテストも使用可能であると判断してよい。

　パックテスト法では小さい容器に入れた試水のpHを測ることがある。これで得た値はRpHに近い。生物反応が影響したpH値を得たいときは、大気の二酸化炭素の混入と放出を避けて測る必要がある。それには、調査地でパックテストを水に沈めて測定するか、調査地近くで容量の大きい容器で採取した試水にパックテストを沈めて測定するとよい。水を持ち帰って測りたいときは、密閉度が高い容器に試水を満たして、薄暗くして温度変化を避けて測定室へ移動させる。そして、速やかに容器のふたを静かに開けて、パックテストを水に沈めて測定する。

　環境測定で安価なpH試験紙を用いることがある。しかし、これで測定した淡水のpHは、pH試験紙に含まれる指示薬に影響された値を測定している。そして、pH試験紙を試水に浸ける手順と、

表6-3　パックテスト法の基本手順と簡便操作

1 ）試料採取
　　・採取容器と保存容器は、汚染されていないプラスチック製を選ぶ。
　　・採取から測定まで大容量のプラスチック製容器を用いる。
　　・表面水を採水バケツで採るとき、水面より沈めてこれを引き上げる。ボトルで採るときは、手をひじの深さまで沈める。表面に汚染物質が浮いていることが多い。
2 ）測定準備
　　・時間とともに測定成分は変化する。測定まで時間が必要のときは冷暗所で保存する。家庭用冷蔵庫は食品による汚染があるため避ける。
　　・手洗いと測定机の洗浄を徹底する。飲食は厳禁。汗からの汚染に注意する。
　　・パックテスト・キットを測定数より多く準備する。余ったものを再使用しない。
　　・パックテスト・チューブにラインがない部分の先端を油性ペンで印をつける。
　　・チューブ表面を現場水で洗浄した後に、自然乾燥させる。
3 ）測定操作
　　・汚染を防ぐため、測定操作は口を閉じて測定する。
　　・毛抜で先端のラインを引き抜き、チューブに小穴を開ける。
　　・チューブ内の反応試薬粉を下方に落とす。
　　・下方部分を手で押し、チューブ内を減圧状態にする。このとき、上方の小穴から人体に影響を及ぼす反応試薬が出ることがある。操作中は息を止める。
　　・小穴から、チューブ内の半分程度まで試水を吸い込ませる。
　　・チューブ内の試水と試薬を項目の反応温度と反応時間にしたがい、混合して反応させる。
　　・反応した色調を、測定項目の標準色と比較して濃度を読みとる。

パックテスト法で失敗する多くは測定者の操作ミスである。現場で操作手順を確認して測定すると間違を少なくできる

指示薬との反応時間を守らない測定からも誤った値を生じさせる。試水に試験紙を長時間浸すと変色して正しい値を得ることができない。試験紙は、試水に1秒ほど浸したのちに、数秒以内に標準変色表と比べて pH 値を読みとるが、十分浸した箇所とそうでない箇所で色調が異なるなど色調確認は意外と難しい。淡水の正確な pH 値を試験紙法で得ることはできない。

[第6章の引用・参考文献]

藤永薫・大嶋俊一・菅原省吾・杉山裕子・千賀有希子・向井浩・山田佳裕（2017）：陸水環境化学．共立出版，pp.131.

Hammer, U. T.（1986）: Saline Lake Ecosystems of the World. Monographiae Biologiae 59, Dr. W. Junk Publishers, pp.616.

半谷高久・小倉紀雄（1995）：水質調査法．丸善株式会社，pp.335.

Stumm, W. & J. J. Morgan（1996）: Aquatic Chemistry, Chemical Equilibria and Rates in Natural Waters. 3rd ed. John Wiley & Sons, Inc., pp.1022.

7

溶存酸素の測定で陥る勘違い

溶存酸素を測ると生産と分解が解る

　山の湖と低地の湖、湖の沿岸帯と沖帯、川の上流と下流、川の水が流れているところと淀んでいるところ、自然の水域と人造の水域、そして夏と冬あるいは昼と夜で溶存酸素を測ると、溶存酸素量がなぜ変動するのかが解る。そして、湖の深層水で測った溶存酸素量が高いか低いかによって、その湖が貧栄養湖であるか富栄養湖であるかのおよそも解る。

　湖や川への酸素の供給源は大気中の酸素である。水生植物の光合成過程は、昼間に太陽光が十分届く生産層で、二酸化炭素と水を利用して炭水化物の生産を行うとともに酸素を供給している。一方、水生生物の呼吸と微生物による有機物の分解過程は、夜間や光が届かない深層水で、酸素を消費して二酸化炭素を放出している。

$$6CO_2 + 12H_2O \rightleftharpoons C_6H_{12}O_6 + 6O_2 + 6H_2O$$

　陸水生態系おける有機物の生産と分解の過程を理解するためには、水中の溶存酸素あるいは全炭酸の変化を測定することが最も的確な方法である。しかし全炭酸は、簡便な測定法がないのに対し、溶存酸素はウィンクラー法や溶存酸素計（DOメーター）で容易に測定できる。ウィンクラー法は、密閉ガラスビンにつめた試水に試薬を加え

写真7-1　酸素ビン（左）で溶存酸素を固定する（右）
琵琶湖水を酸素ビンの底から静かにあふれさせながら詰める。試薬で固定した溶存酸素を測定室に持ち帰ってウィンクラー法で測る

て生成したマンガン酸化物が、試水の酸素に反応することを利用している（写真7-1）。一方のDOメーターは、隔膜電極や光学的センサーを用いて溶存酸素量を測定している。

水の栄養度と水質汚濁を溶存酸素から理解する

　調和型湖沼は、誕生後、一般に貧栄養湖から富栄養湖へと遷移して、ついには陸化して一生を閉じる。これは湖の老化現象で自然的富栄養化といっている。一般に富栄養水ほど、表層水では溶存酸素の供給が大きくなり、底層では溶存酸素の消費量が大きくなる（図6-1）。溶存酸素の分布変動を測定することから、湖の自然的富栄養化の程度を予測できる。なお、環境用語で富栄養水になることを富栄養化ということがあるが、富栄養化は湖沼の遷移過程を表す湖沼学の学術用語である（図3-3）。富栄養化の文言を水域汚濁として表現するときは、読者に勘違いが生じないように文言を付け加えたい。

　人間活動の増大に伴う集水域からの窒素、リンの流入負荷は、中栄養湖に多い淡水赤潮や富栄養湖に多いアオコなどの水質汚濁現象とともに、増えた水生生物の沈降が深層水で分解して溶存酸素量を

低下させる水温成層末期の貧酸素化現象を引き起こす。貧酸素水になると深層の生物相が激変する。琵琶湖では深層で生育する固有種のイサザやアナンデール・ヨコエビなどの生息に影響が生じる。そして堆積物も無酸素状態になり、底泥に固定・蓄積していたリンが溶出する。植物プランクトンは溶出したリン化合物を利用することが可能になるため、さらに湖の富栄養化の遷移を加速させる。溶存酸素の分布変動を把握すると、人間活動がもたらす人為的富栄養化の評価ができる。琵琶湖の湖沼遷移を自然的富栄養化の近くまで復元して、人が湖と共生すべき姿に湖を再生させて、これを保全する指針に役立たせることも可能になる。

環境基準の溶存酸素を知る

　環境省は、「生活環境の保全に関する環境基準(いわゆる生活環境項目)」の一つに溶存酸素濃度を使っている。湖沼では、溶存酸素7.5 mg O$_2$ L^{-1} 以上の湖水を AA、2 mg O$_2$ L^{-1} 以上を C として、その間の A と B を加えて湖水の利用目的に応じて環境基準を4段階に類型分類している。河川では、溶存酸素7.5 mg O$_2$ L^{-1} 以上の AA から2 mg O$_2$ L^{-1} 以上の E まで6段階に類型分類している (表7-1)。たとえば、水産生物のヒメマス、サケ科、アユなどの水産利用は、溶存酸素7.5 mg O$_2$ L^{-1} 以上の湖沼水に適し、コイやフナなどは、溶存酸素5 mg O$_2$ L^{-1} 以上の湖沼水に適すとしている。なお、この基準値は、溶存酸素のみで判断することができず、pH、COD あるいは BOD、浮遊物質、大腸菌群なども同時に満足するとしている。

　湖や川の溶存酸素を測って、溶存酸素7.5 mg O$_2$ L^{-1} 以上の水にはヒメマス、サケ科、アユなどが生息しているから探せば見つかると思ってはいけない。あるいは、水がきれい、水が汚いの正確な意

表7-1 生活環境の保全に関する環境基準 [環境省より抜粋]

＜湖沼＞

類型	AA	A	B	C	
pH	6.5 – 8.5	6.5 – 8.5	6.5 – 8.5	6.5 – 8.5	
溶存酸素 (mg O_2 L^{-1})	7.5<	7.5<	5<	2<	
COD (mg O L^{-1})	<1	<3	<5	<8	

類型	I	II	III	IV	V
全窒素 (mg N L^{-1})	<0.1	<0.2	<0.4	<0.6	<1
全リン (mg P L^{-1})	<0.005	<0.01	<0.03	<0.05	<0.1

水域の利用目的、水質汚濁状況等を考慮して類型水域の指定を行う。類型AA～類型Cの基準値は日間平均値、類型I～型Vの基準値は年間平均値とする。植物プランクトンの大増殖がある湖沼に対して、類型I～類型Vの水域（窒素・リンに関わる類型水域）を指定する。
水道原水：利用する類型水域により、ろ過のみの浄水処理から高度浄水処理を行う。
水産生物用水：類型AAはヒメマス等、類型Aはサケ科魚類やアユ等、類型Bはコイ、フナ等、類型IIはサケ、アユ、類型IVはワカサギ等、類型Vはコイ、フナ等に用いる。
工業用水：利用する類型水域により、通常浄水操作から高度浄水操作を行う。

＜河川＞

類型	AA	A	B	C	D	E
pH	6.5 – 8.5	6.5 – 8.5	6.5 – 8.5	6.5 – 8.5	6.0 – 8.5	6.0 – 8.5
溶存酸素 (mg O_2 L^{-1})	7.5<	7.5<	5<	5<	2<	2<
COD (mg O L^{-1})	<1	<2	<3	<5	<8	<10

水域の利用目的、水質汚濁状況等を考慮して類型水域の指定を行う。類型AA～類型Eの基準値は日間平均値とする。
水道原水：利用する類型水域により、ろ過のみの浄水処理から高度浄水処理を行う。
水産生物用水：類型Aはヤマメ、イワナ等、類型Bはサケ科魚類、アユ等、類型Cはコイ、フナ等に用いる。
工業用水：利用する類型水域により、通常浄水操作から高度浄水操作を行う。

琵琶湖の環境基準AAと類型IIを年間通して守るのは難しい。環境基準値は環境保全の目標値を示している

味を示さずに、溶存酸素7.5 mg O_2 L^{-1} 以上の水はきれいで、溶存酸素2 mg O_2 L^{-1} 以下の水は汚いと思い込んではいけない。生活環境項目の値は、日本人の水道用水、水産生物用水、工業用水など水利用について示したものである。溶存酸素量は、水温や標高によって大きく変化する。国外の寒帯域と熱帯域、高地、高塩水の陸水にこの基準値を当てはめることができない。国内でも北方地域と南方地域、あるいは高地の水用水において、この環境基準値はめやすの

値と考えるべきで、水利用の実際は水利用の実績からの判断が必要になる。

　なお、環境学徒は、生活環境項目の環境基準値の溶存酸素値を参考として、調査水域で測定した溶存酸素値から環境動態を理解するのであればよいが、基準値を満足しているか否かを判断したいだけの環境調査であれば測定意義は小さい。それは、環境行政が法に基づいて溶存酸素を測定するべきことで、水利用関係団体がその結果にしたがって水利用の可否を判断しているからである。

溶存酸素は水温と気圧で変化する

　水温が低くなれば飽和溶存酸素量は増加し、水温が高くなれば減少する。湖や川の溶存酸素量は寒帯域で高く、熱帯域で低い。気温の季節変化が大きい温帯域の琵琶湖では、夏の表面水（およそ30℃）に大気から溶け込む酸素は冬（およそ8℃）の7割に満たない。水温の季節変化がさらに大きい琵琶湖流域の小河川や小湖では、夏になると溶存酸素量が低くなるため水生生物の生息・生育に影響することがある（表7-2）。

　水生生物の呼吸活性と微生物による有機物の分解活性は、反応が最大になる最適温度までは水温の上昇とともに増加する。これは、熱帯域の水生生物は、生育活性が高いにもかかわらず、それを支える溶存酸素量が不十分な水で生育していることになる。一方、寒帯域の水生生物は、溶存酸素が不足することが少ないといえる。温帯域や熱帯域の養魚池で、夏になると光合成で酸素が補給されない夜間に酸素不足になって魚が死ぬことが知られている。魚類観賞用の水槽でも常に曝気するか、水草を投入して夜間も明かりをつけて飼育するのはこのためである。

水に溶解する酸素量は、大気中の酸素分圧に依存している。気圧が低い標高の高い湖や川の溶存酸素量は低くなる。高地の尾瀬ヶ原の川や湖（標高約1,660m）の飽和溶存酸素量は、霞ヶ浦（標高0m）の約4/5である（表7-3）。しかし一般に、高地の陸水の水温は低地のそれよりも低い。したがって、湖や川の溶存酸素量が高いか低いかは、水温の影響と気圧の影響の大小の差によって決まることになる。熱帯低地あるいは寒冷高地の水域に生息・生育する水生生物が酸素不足に陥るか否かの判断は複雑である。地球温暖化がもたらす琵琶湖深層水の貧酸素化の影響を考えるとき、熱帯低地の湖あるいは寒冷高地の湖における水生生物の酸素耐性も理解する必要がある。

表7-2　純水の飽和溶存酸素量と水温との関係

水温(℃)	飽和溶存酸素量(mg O_2 L^{-1})
0	14.16
5	12.37
10	10.92
15	9.76
20	8.84
25	8.11
30	7.53
35	7.04
40	6.59

琵琶湖と流入河川の溶存酸素飽和度に変化がなくても、冬の溶存酸素量は夏の1.5倍も高い

表7-3　純水の相対飽和溶存酸素量と標高との関係

水面標高 (m)	相対飽和溶存酸素量 （0mを100%で表す）
0	100.0
500	94.0
1,000	88.3
1,500	83.0
2,000	78.2
2,500	73.7
3,000	69.3

平地の湖や川は気圧の低い高地の水より大気から酸素が多く溶ける。湖面標高86mの琵琶湖の溶存酸素量の飽和量は平地の湖水より1%低い

溶存酸素の飽和度から何が解るのか

湖沼学では、湖水の酸素分子は大気の酸素分子とのみ交換するとしている。すなわち、溶存酸素の飽和量は、大気中の酸素との平衡で決まると定義している。湖底から酸素の供給がある場合、高い水圧で溶存酸素量が増すはずであるがこれを考慮しない。

　溶存酸素の飽和度は、大気と水が十分に混合されているときの溶存酸素量を飽和度100％として表現する。それを超えるときには過飽和、それに満たないときには不飽和という。湖や川の表面付近は、昼間に、植物プランクトン、付着藻類、水草などの活発な光合成作用による酸素供給で、溶存酸素が過飽和になると水面から気体酸素を放出する。一方、夜遅くは、有機物の分解などの消費で溶存酸素が不飽和になれば大気から酸素が補給される。このように、水面では溶存酸素量を飽和度100％に近づける作用が働いている。浅い湖、川、湿地では、水が混合されやすいため、飽和度は常に100％に近い。表面から湖底まで混合される湖の循環期も、全層の湖水が大気と十分接触し、溶存酸素が飽和状態になる。これが琵琶湖の循環期に生じる、いわゆる「琵琶湖の大深呼吸」現象である。

　太陽光が十分届く生産層では、植物の光合成作用によって二酸化炭素が消費されて酸素が供給される。その結果、水素イオン濃度が減少して pH 値が高くなる。一方、夜間あるいは太陽光が十分届かない深層水では、微生物が有機物を無機化する過程で酸素が消費されて二酸化炭素が供給される。その結果、水素イオン濃度が増加して pH が下がる。

$$CO_2 + H_2O \rightleftharpoons (CH_2O) + O_2$$
$$CO_2 + H_2O \rightleftharpoons H_2CO_3 \rightleftharpoons H^+ + HCO_3^- \rightleftharpoons 2H^+ + CO_3^{2-}$$

　富栄養湖では、風が無い晴天の日に、表層水の溶存酸素飽和度が200％を超えることがある。この過飽和現象は、高い pH 値を得たときに推定できる。未飽和は低い pH 値から推定できる。酸素供給がない水温躍層より深い分解層の貧酸素化現象は、生産層で生産さ

写真7-2 基礎生産（左上）と沈降物捕集装置（右上）と沈降物（左下）と湖底堆積物（右下）から物質循環を調べる
琵琶湖北湖の物質循環を調べるために、植物プランクトンの光合成速度と生産物の沈降速度を捕集装置で測った。活性を失ったプランクトンの多くが沈降していた。湖底に沈積する堆積物表面は酸素があるが数cm下は無酸素であった

れた有機物が湖底へと沈降していく過程で、この沈降有機物が深層水中の溶存酸素を使って分解した結果である（写真7-2）。

　高度成長期の末期に、琵琶湖北湖の深層水で溶存酸素の飽和度が数％になったとの報告があった。琵琶湖にも集水域の人間活動が影響し始めたと研究者が心配した。このときの深層水の水温は現在より約2℃低かった。温暖化の影響で、琵琶湖の水温が上昇しつつある。湖水温が高くなると、冬季の循環期に溶存酸素の飽和度が100％になるまで大気中の酸素を取り込んでも、溶存酸素量は減少している。今、問題視されている深層水の貧酸素化の実態は、溶存酸素の飽和度の数値の減少からは解らないといえる。

　人間活動が排出する二酸化炭素を削減して気温の上昇速度を現在

よりも減少させると、湖水の溶存酸素量の減少を防ぐことができる。しかし、深層水の貧酸素化の基点は、深層水中の有機物が分解過程で消費される溶存酸素量が増加した結果である。人間活動による汚濁負荷を削減して、湖の生物生産を抑えない限り、琵琶湖の貧酸素化を止めることは難しい。すなわち、貧酸素化を防ぐための最善の方法は、地球温暖化防止にも増して、集水域の人間活動を増加させることによる人為的富栄養化を防ぐことである。深湖・池田湖は約1990年以降に深層水が無酸素状態になり、湖底付近の好気生物が死滅して、堆積物からリンが溶出している。池田湖の貧酸素化の原因は琵琶湖と異なるが、琵琶湖の貧酸素化問題は、池田湖や水温が高い熱帯湖の深層水の貧酸素現象から学ぶものが多い。

溶存酸素を水温と気圧で補正する方法

　溶存酸素量は、水温と塩濃度によって変化する。現場で溶存酸素を測定したとき、溶存酸素の飽和量が判れば発展的調査に移ることができる。あらかじめパーソナルコンピュータに入力した次の近似式を使って現場で溶存酸素飽和量を求めることができる。

$$\mathrm{DO}_T = 14.16 - 0.394T + 0.00771T^2 - 0.000065T^3$$
$$- C\,(0.152 - 0.0046T + 0.000068T^2)$$

　ここで、DO_T は溶存酸素の飽和量 ($\mathrm{mg\ O_2\ L^{-1}}$)、T は現場の水温 (℃)、C は試水の塩化物イオン濃度 ($\mathrm{g\ Cl\ L^{-1}}$) である。
　この式の塩補正の項 (C に続く式) は、汽水域の溶存酸素飽和量を求めるときに用いる。汽水は、純水に近い淡水と、主要イオン成分組成比が均一の海水とが混合した水域である。塩補正の塩化物イオ

ン濃度は、電気伝導度計で測定した塩分（psu単位で記しているものもある）に0.554を乗ずればよい。しかし、塩湖などは、各主要イオン成分比が一定でない。そして、主要イオン成分のそれぞれが、溶存酸素量に影響を与える程度の詳細が明らかでないため、塩化物イオン濃度のみから塩補正を行うことができない。しかし、塩濃度の高低が溶存酸素量に与える影響が小さいため、汽水と同様に電気伝導度値から塩化物イオン濃度を計算してもよい。ただし、これで計算した溶存酸素の飽和量は、有効桁数に注意して記載しなければならない。なお、塩濃度が低い琵琶湖などの淡水では塩補正の項を考慮する必要がない。

　溶存酸素の飽和度は、水温と塩濃度を補正して求めた溶存酸素の飽和量と、実測した溶存酸素量から、次式で求めることができる。

$$DO_S = (DO_M/DO_T) \times 100$$

　ここで、DO_Sは溶存酸素の飽和度（%）、DO_Mは測定した溶存酸素量（mg O_2 L^{-1}）、DO_Tは上記の近似式から求めた溶存酸素飽和量（mg O_2 L^{-1}）である。

　この式は、低地の湖や川の飽和度を求めたものである。山地の水の飽和度は、調査地の標高の気圧補正が必要になる（**表7-3**）。調査水域の標高の補正係数fは次式で近似できる。

$$f = B/B_0 = 1 - 1.19 \times 10^{-4}H + 5.63 \times 10^{-9}H^2 - 1.21 \times 10^{-13}H^3$$

　ここで、fは標高の補正係数、Bは調査地の標高の気圧（mm Hg）、B_0は標準大気圧（760 mm Hg）、Hは調査地の標高（m）である。

　調査地の標高を地図やGPSなどで調べてこの近似式に入力すると、溶存酸素の気圧補正が可能になる。したがって、調査水域の標高と水温と塩化物イオン濃度の影響を反映した溶存酸素の飽和度は、溶存酸素の飽和度（DOs）に標高の補正係数（f）を乗じた値として計算できる。

　琵琶湖（標高84m）の湖面気圧（752 mmHg）は、標準大気圧より低い。淡水の琵琶湖の溶存酸素の飽和量は、塩化物イオン濃度の影響は小さいが、気圧の影響がある。琵琶湖の溶存酸素飽和量は、低地の湖沼より約1.0％低くなる。琵琶湖の溶存酸素の濃度と飽和度の値を記載するとき、標高補正した正確な数値でなければならない。汽水域や塩湖などでは、標高とともに塩濃度が溶存酸素の飽和量に影響を与えることにも注意が必要である。なお、高気圧や低気圧の通過、あるいは気温の日内変化など、日々変化する気象の変化なども、溶存酸素の飽和量に影響を与えるとともに、これが水生生物の生息にも影響を及ぼすが、湖沼学ではふつうこれらを考慮していない。

溶存酸素の単位表現で勘違いが生じる

　溶存酸素のデータを記載するときには、読者が思考混乱に陥らない単位で表現する必要がある。湖や川の溶存酸素量は、重量（mg O_2 L^{-1}）、体積（ml O_2 L^{-1}）、飽和度（％）と表示している。しかし、溶存酸素がガス成分であるといって、体積濃度（ml O_2 L^{-1}、あるいはcc O_2 L^{-1}）の表現は適切でない。溶存酸素の酸素は、水域生態系の炭素、窒素、リンなど生物を構成する元素動態の一つとして理解することが多いため、溶存酸素の単位は他の生元素の単位に合わせたい。その単位は、重量（mg O_2 L^{-1}）あるいは物質量のモル（mol O_2 L^{-1}）である。溶存酸素濃度を百万分率（ppm）で表示するときは、酸素を重量濃度

として計算した百万分率 (mg O₂ kg⁻¹) か、それとも体積濃度として
計算した百万分率 (cm³ O₂ m⁻³) かを付記する必要がある。この百万
分率単位 (ppm) は、読者に勘違いを与えるため避けたい。

　溶存酸素の濃度を溶存酸素の飽和度と勘違いして考察してはなら
ない。水域生態系における酸素動態は量として動く。溶存酸素の飽
和度が同じ値であっても、水温が高い水と低い水、淡水と塩水、あ
るいは高地の水域と低地の水域の溶存酸素の量は異なる。濃度の変
化からは水生生物が駆動させた溶存酸素量を理解することができる
が、飽和度の変化からは量的に考えることができない。溶存酸素を
飽和度で表したいときも、溶存酸素の濃度を併記すべきである。溶
存酸素の飽和度からの議論は、大気中の酸素と水中の酸素が飽和状
態にある飽和度100％の状態からどの程度の環境変化が生じたのか、
光合成が著しく高いために過飽和になったとか、分解が著しいため
に貧酸素水になったなど、溶存酸素の増減のめやすの議論にとどめ
慎重にすべきである。

DO メーターで失敗しないために

　湖や川の現場で溶存酸素の濃度を知りたいとき、市販の溶存酸素
計 (DO メーター) を用いて測定できる。この DO メーターは、酸素透
過性のテフロンなどの薄膜で被覆した電極を用いて、薄膜を透過し
た溶存酸素と電極との間に電流が発生することを利用して測定して
いるものが多い。DO メーターは、妨害する物質が少ない淡水の湖
や川の汚濁水や着色水にも使用することができる。

　DO メーターは、溶存酸素の飽和度 (％) で表示しているものがある。
この DO メーターは、測定前に大気を曝気した水で溶存酸素の飽和
度100％に校正する必要がある。高地の湖や川で調査するときは、

現地の標高の大気で DO メーターを調整しなければならない。塩湖や汽水域で調査するときも、それらの水の塩濃度で溶存酸素計を調整しなければならない。この操作が難しいときは、あらかじめ採取した現地の水を現地の大気圧で曝気してこれを溶存酸素の飽和度100％とするとよい。これを用いて水生生物の活性などを考えたいときは、溶存酸素の飽和度を濃度に換算する必要がある。

　DO メーターは、試水と薄膜表面の酸素濃度を速やかに等しくさせるために、泡立たない程度にセンサーを試水中で上下するなどして測定する。そして DO メーターは、pH と水温の影響を受けるとともに、水中の硫化水素、二酸化炭素、ハロゲンガスなどに妨害される。なお、電極に薄膜をとりつける際、気泡が入ると異常値を与えることがあるので注意する。隔膜と内部液のメンテナンスなども必要になる。これらを解決させた蛍光式溶存酸素計が市販されている。

[第 7 章の引用・参考文献]

Maeda, H., M. Kumagai, Y. Oonishi, H. Kitada, & A. Kawai（1987）: Change in the qualities of water and bottom sediment with the development of anoxic layer in a stratified lake. NIPPON SUISAN GAKKAISHI, 53: 1281-1288.

津田松苗・森下郁子（1975）：琵琶湖にDO 4 ％のところがある．陸水学雑誌, 36：31-32.

8

栄養塩の測定で陥る勘違い

測ると何が解るのか

　湖と川の栄養塩の濃度分布と変化を知ることは、湖沼生態系や河川生態系の環境構造（分布）と機能（物質循環）を理解するとき重要である（図8-1）。そして、水域の栄養度や生物生産を調べるときにも有効になる。たとえば、湖水中の窒素栄養塩やリン栄養塩の濃度から、湖沼型（貧栄養湖や富栄養湖など）の一面を知ることができる（表3-1）。栄養塩は、分光光度計を使う比色法で精度高く測定できる。ここでは、パックテスト簡易分析キットを採用するときの誤測定を防ぐ留意点を述べる。

　陸水と海洋の栄養塩とは、水生植物が生育するために必要な溶存物質をいっている。動植物を構成する数十の元素を生元素とよぶ。その中には、水生生物が生物生産を行う際に多くを必要とする多量元素（炭素、水素、酸素、窒素、リン、硫黄、ケイ素など）と、微量でもよいが必要な微量元素（鉄、マンガン、銅など）がある。これらの元素の中で、植物プランクトン、付着藻類、および水草などが利用可能な形態で溶存する窒素化合物とリン化合物を栄養塩ということが多い。これらの光合成植物に珪藻類が多いときには、ケイ素化合物も栄養塩に加える。窒素化合物やリン化合物を人間活動で湖や川に負荷すると、水域の植物生産を上昇させ、さらには水質汚濁をもたらすことになる。これは人為的富栄養化がもたらす現象である（図3-3）。

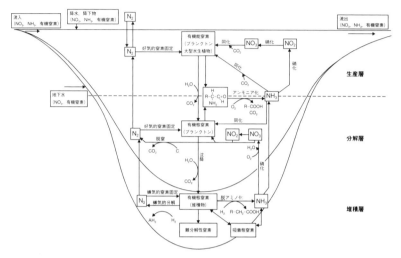

**図8-1　湖沼生態系の環境機能を窒素循環の諸過程で示す［Wetzel, R.G.（2001）を
一部改変した西條八束・三田村緒佐武（2016）から転載］**
湖の生産層では、植物プランクトンが取り込みタンパク合成に用いる窒素化合物の多
くは、湖内で再生された窒素化合物である。それは動植物の有機窒素の分解・無機化
で生じたアンモニア態窒素が亜硝酸態窒素へ硝酸態窒素へと速やかに硝化される途上
の窒素化合物を再び利用する。分解層を通しても速やかな窒素循環がある
琵琶湖の植物プランクトンが利用する窒素源は、生産層で動物プランクトンの排出・
分解で再生した窒素栄養塩と、分解層に沈降する物質の多くが分解して再生した窒素
栄養塩である。植物が生産した有機窒素のきわめて少量が湖底に堆積していく。川と
雨から琵琶湖に流入する無機窒素のほとんどは湖内で循環したのちに瀬田川から流れ
出たとの研究がある。人間活動による流入負荷が増加した現琵琶湖は、循環量が増え
堆積量も増加している。湖内の循環から外れた粒状有機窒素の堆積量が多くなり琵琶
湖の一生を短くしている

　水生植物は、光合成で炭水化物を合成したのち、栄養元素を取り
込んで、細胞の構成成分のタンパク質、脂質、核酸などを合成して
いる。プランクトンの平均組成を$C_{106}：N_{16}：P$（元素比）あるいは
$C_{41}：N_{7.2}：P$（重量比）と表すことがある。このレッドフィールド比は
プランクトンの生育条件によっても異なるが、大きくは変動しない。
植物の生産は、生育に必要な因子の中でもっとも少ないものに制限
されるというリービッヒの法則に支配される。植物生産に対する制
限因子は、窒素あるいはリンになることが多い。調査水域でそのい

ずれが制限しているかの判断は、栄養塩窒素と栄養塩リンの比が
レッドフィールド比の約16（元素比）より高ければリン栄養塩が制限
因子として、約16より低ければ窒素栄養塩が制限因子として働くと
考えればよい。ただし、窒素栄養塩もリン栄養塩も多量に含まれる
富栄養水は、そのいずれもが制限因子にならない。光や水温などの
環境因子と水生植物の混みあいなどが、植物生産を極限にまで達し
ないように制御している。

　栄養塩の少ない湖や川においては、窒素に比較してリンが植物プ
ランクトンの制限因子になることが多い。琵琶湖の富栄養化防止に
関する条例、いわゆるリンを含む合成洗剤使用禁止条例は、当時、
琵琶湖で大発生していたウログレナ・アメリカーナの淡水赤潮の増
殖を抑えるために、赤潮プランクトン増殖の制限因子になるリンを
集水域から湖へ流入させないようにしたもので理にかなっている。
その考えの一つはリービッヒの法則に基づいている。

生元素動態を理解するために栄養塩を測る

　環境調査では、窒素とリンを測定して何を理解するのかの目的を
定めることが大切である。たとえば、窒素濃度とリン濃度の程度が、
植物プランクトン、付着藻類、水草の増殖にとって栄養制限に働く
のか、栄養促進として働くのかを知るために測定する。そして、窒
素とリン濃度が高ければ藻類の大発生や水草の大繁茂の原因になる
ことを理解し、望ましい湖や川の環境復元に向けた自らの生活改善
を思考・実践したい。あるいは、アンモニア態窒素、亜硝酸態窒素、
硝酸態窒素濃度とともに COD などを測定することにより、調査域
が有機汚濁した水か、それとも有機汚濁物が酸化・分解した後の澄
んだ水であるかなど、生態系の機能を物質循環から知るための活動

としたい。この水域生態系を理解するための調査であれば、水生生物が利用可能な窒素化合物とリン化合物をおもに測定することになる。

　パックテスト法は、水生植物が利用可能なアンモニア態窒素（パックテストではアンモニウムと称している）、亜硝酸態窒素（亜硝酸と称している）、硝酸態窒素（硝酸と称している）の濃度を比色法で測る。パックテスト・キットは比較的高価である。これらの窒素化合物のすべてを測れないとき、調査目的に沿って測定項目を絞るとよい。しかし、項目の選択を誤った測定結果からは得る成果が乏しく、調査水域の環境評価に勘違いと間違いにも陥る。植物プランクトンの窒素源としての栄養塩は、硝酸態窒素とともにアンモニア態窒素も測りたい。パックテストを用いて窒素栄養塩の濃度を測っても、植物生産の制限因子になりやすいリン化合物の濃度を測定しなければ、調査目的が半減してしまう。しかし、ふつうの湖や川のリン酸態リン（パックテストではリン酸と称している）濃度は低く、パックテストで精度高く測ることは難しい。とくに測定者の誤操作が、しばしば誤った値を与えることがあるので注意したい。

　湖や川の窒素栄養塩とリン栄養塩をパックテストで測るとき、アンモニア態窒素測定用の標準色（$0 \sim 10$ mg N L^{-1}）、亜硝酸態窒素の標準色（$0 \sim 1$ mg N L^{-1}）、硝酸態窒素（$0 \sim 45$ mg N L^{-1}）、リン酸態リンの標準色（$0 \sim 2$ mg P L^{-1}）に照らして濃度を読むことが多い。しかし、これらの濃度は、標準色の刻みと同じ数値を読まずにその中間色まで色調を識別すると、得る情報の多さが格段に多くなる。

水質汚濁は栄養塩濃度から解るか

　調査水域が澄んできれいな水か、汚れている水かは、パックテス

トで測定したアンモニア
態窒素の濃度からおよそ
を判定できるときもある。
これは、汚濁水の有機窒
素化合物が分解するとア
ンモニア態窒素に無機化
されるため、有機態窒素
を測定する代わりにアン
モニア態窒素を測定する
と有機汚濁の程度を知る
ことができるとした考え
に基づいている。しかし、
溶存酸素が豊富にある水
では、生じたアンモニア
態窒素は、亜硝酸態窒素、
そして硝酸態窒素へと硝
化されるため、測ったア
ンモニア態窒素は有機窒
素から硝酸態窒素へと酸
化・硝化していく過程の
中間生成物の量を調べた
にすぎない（図8-2）。有
機汚濁が著しい湖や川の
水では、有機物の無機化
によるアンモニア態窒素
の供給量は、硝化による

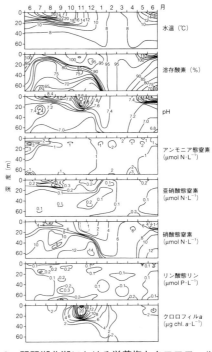

図8-2　琵琶湖北湖における栄養塩とクロロフィル
の鉛直分布の季節変化［Mitamura, O. & Y. Saijo
（1981）を一部改変］

琵琶湖の生産層で植物プランクトン（クロロフィ
ル）が増殖した季節は、全炭酸が炭水化物の合成
に利用されてpHが上昇した。硝酸態窒素は植物プ
ランクトンのタンパク合成に利用されて減少した。
しかし、同位体を用いて窒素循環速度を調べると、
植物プランクトンは動植物が排出・分解したアン
モニア態窒素を速やかに優先的に利用し、同時に
アンモニア態窒素の硝化で生じる硝酸態窒素も利
用していた。琵琶湖生態系の生産と分解は窒素の
循環平衡で支えられている。分解層の貧酸素現象
は、沈降有機物の好気性分解で溶存酸素が使われ
た結果である
自然は時間とともに変化する動的世界である。測
定した値を平面・立体で表すと静的世界と勘違い
する。四次元思考が欠けると琵琶湖環境の動態を
理解できない。測定した項目間を線形の相関関係
でこの図を見て失敗に陥ったことと類似する。動
的項目間の因果関係の診方が試されている

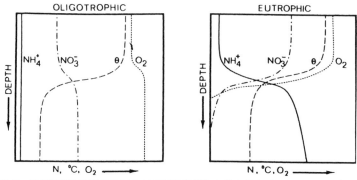

図8-3 貧栄養湖と富栄養湖における窒素栄養塩の鉛直分布［Wetzel, R.G.（2001）
を一部改変］
湖の停滞期に、深層まで溶存酸素が十分存在する貧栄養湖では、全層のアンモニア態
窒素が少ない。深層水の硝酸態窒素は硝化作用で増加する。水温躍層以深で溶存酸素
が無くなる富栄養湖では、アンモニア態窒素は深層水で酸化（硝化）されずに蓄積す
る。硝酸態窒素は深層水で硝化作用が進まないために生成しなくなるとともに脱窒作
用でも減少していく。中栄養湖の現琵琶湖は図の貧栄養湖の窒素化合物の鉛直分布に
近いが、富栄養湖になると水生生物の種と量が激変することが解る

アンモニア態窒素の減少量よりも多いため、アンモニア態窒素を
測って汚濁水の程度をある程度評価できる。あるいは、溶存酸素量
がきわめて低い水では、硝化反応が進まず、アンモニア態窒素が蓄
積していくため、アンモニア態窒素から汚濁の程度を評価できる（図
8-3）。しかし、ふつうの水では、硝化反応が速やかであるためアン
モニア態窒素濃度が低く、アンモニア態窒素と有機態窒素との間に
量的関係がない。そのため、人間活動の影響が小さい自然水で測っ
たアンモニア態窒素の値から汚濁状況を判断することは難しい。ア
ンモニア態窒素を測って汚濁の程度を知りたいときは、有機物の指
標とする COD と溶存酸素を同時に測ることが望ましい。
　環境省は、公共用水域の水質汚濁に係る環境基準として、河川、
湖沼、海域ごとに水利用等の目的に応じた水域類型を設けて、それ
ぞれの生活環境を保全する上で維持されることが望ましい基準値を

生活環境項目の環境基準で定めている (表7-1)。そして、全公共用
水域および地下水に対して、人の健康を保護する上で維持すること
が望ましい基準値を「人の健康の保護に関する環境基準(いわゆる健
康項目の環境基準)」で定めている。

　生活環境項目の環境基準は、全窒素濃度と全リン濃度でも判定す
るが、パックテスト法は溶存窒素濃度あるいは溶存リン濃度を測定
している。パックテストの測定値を環境基準値に照らして判定する
ことはできない。しかし濁った汚濁水でない限り、湖や川の粒子状
の窒素濃度とリン濃度は溶存態のそれらより低い。環境基準の全窒
素濃度と全リン濃度は、パックテストで測定した各態の窒素化合物
濃度を総計した値とリン酸態リン濃度からおよそを評価することが
できる。さらに、パックテストで測定した硝酸イオン濃度と亜硝酸
態窒素の総計が10mg N L^{-1}以下であれば、その水は、健康項目の
環境基準を満足しており、人に害を及ぼすことが少ないと考えるこ
とができる。

勘違いを防ぐために

　環境学徒が学ぶ情報の中には理解できないものがある。たとえば、
環境省が定めた生活環境の保全に関する環境基準が、目標値である
にもかかわらず、今の指定水域の水利用の判断基準とされている。
そして、基準値を求める測地点と測定回数の選定理由を示していな
いことが多い。湖の生活環境項目の環境基準では、各項目(pH、
COD あるいは BOD、浮遊物質、溶存酸素、大腸菌群、そして全窒素、全リン
など) の基準点が湖内で疎のところと密のところを平均してこれを
基準値の判定に使っている。そして、ある項目の調査水域と測定数
は、他の項目の調査水域と測定数と異なる。沖域を疎に沿岸域を密

にして得た値の単純平均は、沿岸域の値が高く反映された平均値である。湖沼では、水平にも鉛直にも調査点を碁盤の目に設定して、平均値を求めることが基本である。この調査が困難なとき、調査点と測定回数を粗密にした理由に合理性があれば、その理由を付記して真の面積平均に換算する必要がある。環境学徒は、勘違いを防ぐために調査点をどこに選び、調査結果をいかに処理して発表すべきかが試されている。

　窒素栄養塩の硝酸イオン態を、硝酸態窒素、硝酸イオン、硝酸などといくつかの文言で表現すると読者に勘違いを生じさせる。これらの化学用語は、化合物中の元素を意味するものも、化合物の状態を意味するものも、化合物そのものを意味するものもある。何を測定しているのかを理解して、正しい用語を用いて測定成果を発信すべきである。データに記す単位にも注意したい。たとえば、硝酸イオン態の1.0 mM と14 mg N L^{-1}と1.0 mmol N L^{-1}と62 mg NO$_3$ L^{-1}と1.0 mg atom N L^{-1}は同じ濃度であるが、単位を記さない数値は、数十倍もの過小あるいは過大の値を公表したことになる。読者の混乱を防ぐためにも、これら曖昧な記載は正さなければならない。環境学徒は、これらの勘違いを防ぐために、意味ある測定結果を測定方法なども詳細に付記して発信することが求められる。

パックテストで栄養塩測定を失敗しないために

　パックテスト分析キットによる窒素化合物の測定方法と測定試薬は、アンモニア態窒素はインドフェノール法、亜硝酸態窒素はエチレンジアミン法、硝酸態窒素はエチレンジアミン法と商品に記載されている。これは、研究者の多くが用いる比色法（アンモニア態窒素がインドフェノール法、亜硝酸態窒素がエチレンジアミン法、硝酸態窒素は硫

酸ヒドラジニウム法ほか) の化学反応と類似しており、双方の測定結果に大差がない。比色法で測る硝酸態窒素は、硝酸態窒素を亜硝酸態窒素に還元して測定しているため、硝酸態窒素値は亜硝酸態窒素値を差し引いた値としなければならない。なお、アンモニア態窒素の測定で、パックテストの試薬はアルカリ緩衝剤として劇物の水酸化リチウム水和物を使用していたが、代替試薬に変更されつつある。

　リン酸態リンのパックテスト測定法では、酵素法とのみ記載している。リン酸態リンは、いかなる化学反応に従って測った値であるかが不明である。ふつう、天然水中のリン酸態リンは、リン・モリブデン錯体を比色で測っている。したがって、学徒は、パックテスト法で測定したリン酸態リンの値と、研究者が測定したリン酸態リンの値と比較することが可能かの判断ができず、測定値が正しいか、信頼性ある値かが不安になる。パックテストが、住民活動や学校教材、さらに研究にまで広く用いられている現状から、測定結果の信頼性を高めるために、測定方法を詳細に記載すべきである。

　パックテスト法で失敗する測定操作の一つは、測定試料に測定者の皮膚が触れることなどで、窒素やリンの汚染を拡大させることである。この欠点を少なくした基本手順とその簡便操作に従うと、誤測定を最小限にできる (表6-3)。

　測定結果が、間違った値であったのか、それとも水環境変動の幅の中におさまる値であったのかを判断するためには、あらかじめ、過去の測定結果や文献資料などから調査水系の窒素化合物とリン化合物の濃度を調べておくのもよい。測定結果が、資料の値と大きく違えば、測定をただちにやり直すとよい。

[第8章の引用・参考文献]

三田村緒佐武・安積寿幸・紀平征希・赤塚徹志・安佛かおり・石川俊之・後藤直成（2015）：琵琶湖北湖水における近年10年間の生物地球化学因子の変動. 陸水研究，2：3-15.

Mitamura, O. & Y. Saijo（1981）：Studies on the seasonal changes of dissolved organic carbon, nitrogen, phosphorus and urea concentration in Lake Biwa. Archiv fur Hydrobiologie, 91: 1-14.

Mitamura, O. & Y. Saijo（1986）：Urea metabolism and its significance in the nitrogen cycle in the euphotic layer of Lake Biwa. IV. Regeneration of urea and ammonia. Archiv fur Hydrobiologie, 107: 425-440.

吉田陽一・三田村緒佐武・田中信彦・門田元（1983）：琵琶湖の"淡水赤潮"に関する研究. I. 植物プランクトンおよび栄養塩類の分布変化. 陸水学雑誌，44：21-27.

9

COD測定で陥る勘違い

何を理解するために測るのか

　COD（Chemical Oxygen Demand；化学的酸素消費量、あるいは化学的酸素要求量、ときには過マンガン酸カリウム消費量ともいう）は、試水に酸化剤を加えて加熱し、被酸化物質（有機物、鉄（Ⅱ）、マンガン（Ⅱ）、硫化物、亜硝酸など）を酸化させたときに消費される酸化剤の量を酸素量に換算して測る。試水に加える酸化剤は、過マンガン酸カリウムあるいは二クロム酸カリウムが使われる。ふつうの天然水では、被酸化物質の大半は有機物であるから、COD は有機物量を測定していると考えてよい。BOD（Biochemical Oxygen Demand；生物化学的酸素消費量、あるいは生物化学的酸素要求量）は、試水を密閉容器に入れて暗所で数日放置したときに水生微生物が有機物を酸化分解に消費される酸素量を測る。

　COD と BOD は、酸素の消費量であり化学物質量を示していない。しかもその値は、水温ほかの影響を受けるため、物質の動的代謝を考えるときには不向きの指標である。COD と BOD は水中の有機物の一部を測っている。有機物の全量を把握するためには、物質収支の数値として把握可能な有機化合物中の炭素の TOC（Total Organic Carbon；全有機炭素）を測定することがより望ましい。用排水や水域の有機物汚濁を理解したい研究者は TOC の測定を薦める。しかし自然水の有機物は、炭素の割合が高い有機物と、炭素の割合

が低い有機物が混在している。TOC も炭素を指標とした全有機物量を測定したにすぎない。

　環境学徒が COD を測定するときは、COD 値から水環境の何を理解したいのかの目的を持つことが重要である。COD の測定は、調査水域の有機物量を自然界の生元素循環あるいは生活との関わりから理解することを目的としたい。たとえば、山間部の川の COD は低く、都市河川の COD は高いなどを知る。そこから、流域住民の生活が水環境に与える影響の大小を理解し、自らの生活環境を改善する活動にも供したい。あるいは、集水域面積は狭くて流入負荷が小さい湖などの COD は低く、流入負荷が大きい里地の湖や湿地湖沼の COD は高いなど、水域の特性と水域生態系の機能の一面を理解するための活動としたい。たとえば、集水域面積が狭く人間活動も小さい深い摩周湖（平均水深：137m）の COD は低い。諏訪湖の面積の約40倍もある諏訪湖集水域での人間活動は、浅い諏訪湖（平均水深：4.4m）に負荷を与え COD は高い。集水域面積が琵琶湖の約５倍の地で活動する人の負荷が影響する琵琶湖（平均水深：41m）の COD は、摩周湖の COD より高く、諏訪湖の COD より低い。川でも上流と下流、自然河川と都市河川の COD を比較すると興味ある結果が得られる。

自浄作用を COD で調べる

　有機物質が、時間の経過とともに減少する現象を「自浄作用」と称している。この自浄作用は、BOD の減少から評価するが、COD でも一定の自浄力を評価できる。自浄作用は、浮遊性あるいは付着性の細菌類、真菌類、微小動物が行う有機物分解であり、水塊への酸素供給速度の大小にも関係する。なお、沈殿、吸着反応などに伴

う物理化学的過程の有機物量の減少を見かけの自浄作用といっている。

　環境学徒が、川の自浄作用を調べたいとき、合流河川がなく陸域からの負荷がない川の一定の上下区間を定め、いくつかの地点のCOD を測定するとよい。COD が高い都市河川や里河川では、パックテストの COD から自浄作用を評価できる。調査区間で COD 値が低くなっていけば、その川に自浄作用があり、いわゆる健康河川であると評価できる。COD の値に変化がないときは、有機物の供給と消費とが動的平衡にある比較的健康な川であると考えるか、あるいは有機物を無機化(浄化)する水生微生物が生息しない不健康な川と評価できる。COD が増加すれば、浄化力にも増して供給があるか、あるいは浄化力がない不健康な川である。なお、同時に測定したアンモニア態窒素濃度が減少して硝酸態窒素濃度が増加すると、硝化・自浄作用が働く健康河川と評価できる。アンモニア態窒素濃度が増加すると不健康な川である。水生植物と水生動物の活性状況を観察すると、川が健康であるか不健康であるかの判定をより正しくできる(写真9-1)。

　水利用が複雑な都市河川や里河川は、排水路の有無を確認することが困難なことが多く、調査区間に流入水や流入負荷があるかを調べることが難しい。COD とともに水温や電気伝導度などを同時に測定しておくとこれらの影響のおよそを確かめることができ、

写真9-1　学生が自浄作用を調べた安食川
彦根市の里地を流れ琵琶湖に注ぐ安食川にも自然が残っている区間がある。水の流れに沿ってCODの増減を調べると自浄作用があり、安食川が健康河川であることが解った

川の自浄作用を調べるに適した川の区間であるか否かの判断になる。

　自浄作用の測定は、川自らの復元力と再生力を調べる上で重要である。環境学徒は、水生生物の自浄能力と、自浄作用が及ぶ水域の範囲と限界を理解して、湖や川の保全を考えたい。

COD 値から水質汚濁を評価する

　湖や川の汚濁状況を評価するために、COD あるいは BOD を測ることがある。日本の生活環境の保全に関する環境基準では、湖沼水の汚れの指標は COD を、河川水は BOD を指標に用いる。これは、プランクトンが河川より湖沼に多く生息しており、その呼吸による酸素消費が BOD の測定値に影響するという考えに基づいている。しかし川でも、沼状態になっているたまりにはプランクトンが多く生息しており、川の汚濁を BOD 値のみから判定することはできない。一律に、湖は COD 値から、川は BOD 値からと決めつけて水環境を評価することは難しく、湖でも川でも COD と BOD の併用が望ましい。

　環境基準がいう COD は「試水に過マンガン酸カリウムを加え、酸性下、100℃で加熱して分解される有機物の酸素消費量」としている。BOD は「試水を暗所に20℃で５日間放置して、水中の有機物が従属栄養細菌によって消費・分解されるときに必要とする酸素の量」としている。しかし、この方法で BOD を測定することは難しい。BOD 値のおよそは、暗箱や暗プラスチック袋に詰めた酸素ビンを20℃前後で空調した部屋などに５日間放置すると測定できる。

　琵琶湖水の COD 値は増加しつつあるが、BOD 値の変化は横ばいである。この COD と BOD の乖離現象は、琵琶湖の環境問題としても注目されている。琵琶湖北湖より深湖で貧栄養の十和田湖（平

均水深：71m）や、琵琶湖南湖と同じ深さの浅湖で富栄養の霞ヶ浦（平均水深：3.4m）などいくつかの湖で、この乖離現象が報告されている。微生物が酸化分解した有機物量を表すBOD値は変わらないが、化学試薬が酸化分解した有機物量のCOD値が増加していることから、原因を水生微生物が分解不可能な有機物量の増加と考えて、この有機物を難分解性有機物ということがある。1970年代後半以降の上水普及時に乖離現象が著しくなってきたため、浄水の処理過程で難分解性有機物が生成したとも考えられた。その後、下水処理場の普及に伴う排水、農薬を投入した田畑、水草繁茂の沼、山林などから難分解性有機物の流入負荷が増加したとの報告がある。さらに湖内で生息する生物相の変化が原因であるなど諸説あるが、その詳細は現在も明らかにされていない。

　そもそも有機物量のめやすとしてのCODとBODは測定方法が異なる。そして、CODとBODは全有機物量を測っていない。COD値がBOD値と等しいと思いこむのは測定原理を失念した結果である。環境学徒が測るパックテストのCOD値は、あくまで有機物のめやす値であることを理解して、同様の勘違いに陥らないようにしたい。

勘違いを防ぐために

　環境学徒が理解に苦しむ情報がある。その一つが、COD値とBOD値は、75％値で表示することもあれば、他の項目と同じように測定時の値で表示することもある。環境基準でCODとBODを75％値としたのは、年間データのうち3/4（75％）はその値を超えないと決めたからである。たとえば年間に測ったCODの日平均値あるいはBODの日平均値が100個あれば、低い値から75番目の値を

COD75％あるいは BOD75％としている。読者はこの意味の詳細を理解できず、記載された数値から水環境を理解しようとしている。

　COD (mg L⁻¹) あるいは COD (ppm) と単位を記しているデータがあるが、COD という化学物質は存在しない。測定した COD の単位は、COD (mg COD L⁻¹) ではなく COD (mg O L⁻¹) である。読者が、何を測定して有機物量としたのかを理解するためにも、単位を記すことが必須である。とくに、過マンガン酸カリウム消費量を測定した数値をそのまま COD の値にしてはならない。過マンガン酸カリウム消費量 (mg L⁻¹) で得た数値を COD (mg O L⁻¹) に換算したいときは、過マンガン酸カリウム消費量の値を0.253倍する必要がある。これらは環境学習を妨げるので留意したい。

パックテストで COD 測定を失敗しないために

　パックテストの COD 測定法の留意点を記す。パックテストで測る COD は、常温アルカリ性過マンガン酸カリウムよる酸素消費量である。パックテスト法は、JIS 法で用いる水酸化ナトリウムと水酸化カリウムは吸湿性があるため、劇物の水酸化リチウム水和物をアルカリ緩衝剤に使用していたが代替試薬に変更されつつある。JIS で定めた COD 測定値と上水試験で用いる COD 測定値は、過熱して酸化させる時間に差があるなど双方の測定値は異なるが大差はない。しかしパックテスト法は、試水をアルカリ性の条件下で、そして常温で酸化・分解させて測定するため、パックテストで得た値は JIS 法や上水試験法による値より低い。パックテストを用いる環境学徒は、COD の全量を測っていないと理解する必要がある。

　COD とは酸化力の強い化学物質が水中の有機物を酸化したときの酸素消費量である。BOD とは水生微生物が有機物を酸化したと

きの酸素消費量である。汚濁水などで BOD 値が COD 値を上回る
ことが知られているが、ふつう COD は BOD よりも高い。生物が
いない水の有機物は、COD で測定されるが、BOD で測定できない。
そして、BOD 値は、生物が利用可能な有機物か、生物にとって毒
性の有機物かの有機物の質によっても異なる。環境学徒は、何を理
解したいのかの目的を定め、COD あるいは BOD を選択して測ら
なければならない。

　一般に測る COD あるいは BOD は、溶存有機物と懸濁有機物を
加えた値である。常温、短時間で測定するパックテストの COD 値は、
多くの懸濁有機物と一部の溶存有機物を含まない。生活排水の影響
がある水域では COD 値の日内変動が激しい。このような水環境の
有機物汚濁を調べたいときは、人の生活リズムと水の流れとの関係
をあらかじめ水温と電気伝導度を調査しておき、変動時刻に合わせ
て COD 測定用の水を採取するとよい。

　ふつう、湖水や河川水の有機物濃度は低い。この水域においてパッ
クテスト法で測る COD 値の信頼性は低い。パックテスト法による
誤測定の多くは、窒素とリンの測定の留意点で記したように、測定
者の手が試水やパックテスト・チューブに触れることにより、有機
物汚染を拡大させることに起因する。COD は有機物量を測定して
いることを忘れてはならない。有機物は測定者の身近に存在する。
この有機物汚染を最小限にするための操作方法は、パックテスト・
キットに記載された基本手順(図9-1)に加え、簡便操作(表6-3)を参
照されたい。

　パックテストで COD を測るとき、$0 \sim 8\,\mathrm{mg\,O\,L^{-1}}$ までを $2\,\mathrm{mg}$
$\mathrm{O\,L^{-1}}$ 刻みで示した標準色に照らして濃度を読むことが多いが、そ
の中間の $1\,\mathrm{mg\,O\,L^{-1}}$ 刻みの値まで読み取りたい。たとえば、測定

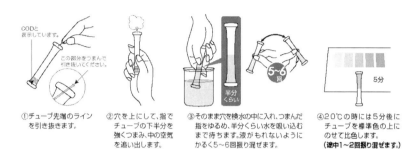

図9-1　パックテストによるCOD測定の手順［岡内完治（2000）から転載］
標準色の間の値を読みとると測定結果から得る情報が多くなる

した反応色が0 mg O L⁻¹ と2 mg O L⁻¹ の中間色と診たとき、1 mg O L⁻¹ と記載した値から得る情報の多さが異なるからである。

なお、パックテストで測ったCOD値が、正しい値であったか、汚染や操作ミスなどによって間違った値であったかを判断する一つとして、調査水域で研究した論文や報告と、行政機関が発信する資料の値と比較するのがよい。

［第9章の引用・参考文献］

岡内完治（2000）：新版・だれでもできるパックテストで環境しらべ．合同出版, pp.155.

10

正しい環境調査に向けて

勘違いと間違いは科学的思考の欠如から生じる

　環境学は、自然科学から人文・社会科学までを含むきわめて広い分野である。場を明らかにする総合湖沼学の思考と重なる。環境研究の専門家と自負する者が執筆した著書でも、その内容に勘違いと間違いが随所にある。環境学徒は、環境学の基礎となる科学理論を無視することは許されず、科学の修得に向けてたゆみない勉学が求められる。

　たとえば、ヨシ群落帯には「生物の生息・生育」と「護岸作用」と「水質浄化」と「景観機能」の機能がある。しかし、ヨシ群落帯をヨシ植物体と読み違えて、ヨシそのものに水質浄化機能があると勘違いしてはならない。ヨシ群落帯に水質浄化機能があるという意味は、「ヨシ群落帯に生息・生育する水生生物が、栄養塩の取り込

写真10-1　環境FWの受講生が琵琶湖内湖・西の湖のヨシ群落帯の水質浄化能を調べる
内湖のヨシ群落帯の水質浄化機能をヨシ付着生物が作用する水質形態の変化から調べた

みや有機物を無機化させる」など物質形態の変容を水質浄化としている（写真10-1）。科学知識を欠いた思いこみは、環境学徒が琵琶湖のヨシ群落を保全する意義と活動を妨げる。さらに、ヨシ群落帯保全の真意が、多様な環境機能がある水陸移行帯・沿岸帯の保全例としていることを理解できなくなる可能性まである。

データを正確に読む

　測定方法が詳細に記載してあるデータは、その値が正しいか間違っているかを判断することができる。しかしそれでも、測定項目ごとに避けることができない誤差がある。それは、試料の計量誤差、試料の分析誤差、そして分析値をある項目値に換算するときの計算誤差などであり、これらの誤差により測定値を表示する桁数が決まる。データには測定ステップごとに誤差があるため、桁数が多すぎる値は疑わしい。

　地球温暖化で、大気中の二酸化炭素濃度が400ppm に増加した。これは、体積百万分率の400ppm である。気体中の成分は体積百万分率の ppm を使うことが多い。しかし、ふつう湖や川では、水中成分や堆積物成分は重量百万分率の ppm で表現する。測定値をppm で表示にすると間違いと勘違いが生じる。

　測定した項目の２群あるいは３群で相関分析、分散分析、カイ二乗検定などの統計処理から項目間の関係を調べることがある。しかし、項目間で線形な関係の強弱を示す相関係数値の大小のみで調査水域の環境動態を論じてはならない。相関関係は因果関係を知る一つにすぎない。因果関係にない項目間あるいは動的項目の相関を調べても得るものは少ない。環境学徒は、この統計処理で得た数値を次のステップに向けた活動・調査を理解するために使いたい。

本書は誤発信した反省文でもある

　本書は、多くの研究者が勘違いと間違いに陥る環境測定を正す方法を記載した。著者が誤った測定で得た結果を公表した反省文でもある。

　たとえば、採水器で得る採水深度は、ワイヤーロープの傾角を測り実際の深度を補正する。しかし、透明度は、船が流されても、沈めた透明度板と海面とのロープの長さの値とする。湖沼研究の学友は、長年、採水深度と透明度深度を傾角から補正していた。これは、透明度の測定意義を理解しないで、透明度の数値のみを記録に残すために測ることが多くなったことも関係している。これは、理論科学を疎かにして、精密測器にたよる測定を重視してきた科学技術の発展の歴史と重なる。透明度など身近な道具から湖沼環境を読むことが少なくなったことが、自然を単一化させ自然の多様性を理解する思考力を劣化させたともいえよう。

　大阪東部から通学する学生が酸性雨をテーマに卒論を書きたいと申し出た。雨はいつ降るかわからない。登校中に雨が降ったらどうするのかと言うと、自分がいなくても母親が自宅のベランダで降水を採取すると言ったため許可した。工場が操業している時間帯に降った雨は、操業していないときに降る雨に比べて低く、pH5.6よりかなり低い値がしばしばあった。そこで彼は、大阪の工場業種と風向きと地形が酸性雨に与える影響を論点にして卒業論文をまとめることにした。しかし、データに異常に高いpH値もあったため、採取容器を再確認すると金属製であった。降水量が少ないときは長時間水を溜める必要があるため、その間に金属が溶けだしpHを上昇させたと考えた。この容器に蒸留水を入れてpHの時間的変化を

調べさせた結果、金属による影響を確認した。採取方法の過ちと時間降水量の推測値を付記して卒論発表会に臨んだ結果、指導教員の枠の中で進める理科系卒論が多い中、学生個人が発案して研究した卒論であると聞き入る教員から評価された。

水質化学の著名人が、川で測った pH 値が高かったことからアルカリ性物質が流入したと学会大会で発表した。討論時間に質問者が、夏の昼間に測った pH が高かったのは、付着藻類の光合成が活発であったため pH (BpH) 値を上昇させたのではないかと聞いた。しかし彼は返答に窮した。水質分析の師であった彼は、pH の理論分析化学を熟知していたが、自然水の pH 科学にまで思考が及んでいなかった。彼は、湖や川を場とする総合陸水学者ではなく、湖や川を対象として水質化学を研究していたとそのとき思った。著者たちも湖や川で RpH を測定していたにもかかわらず、水生生物が関与する pH を測定したと勘違いしていたことがある。目的に沿った pH の測定方法を選び考察しなかった失敗であり、彼の間違いと似る。琵琶湖の化学ではなく、化学的視点による琵琶湖学が琵琶湖環境を明らかにできるとこれらの勘違いと間違いから学んだ。

琵琶湖の定期観測結果を、他の調査項目と同じく pH の数値を平均して論文やホームページで公表したことがある。この平均 pH 値の計算過ちは、pH とは水素イオン濃度の逆数を対数で表す指数であるとの理論学習が希薄であったことと、pH を平均するためには割り算の分子と分母の意と数に条件があるという小学校の四則演算の学びが浅かったことに起因する。これを聞いた学友は、pH の数値を平均した値のあとに算術平均値と付記している。間違った測定値から水域生態系の生物と環境の動態を論じた書物を公表してきたことは、偽った事実で読者を騙す論文に類する。これらは測定目的

と測定意味を深く理解することなく測ってきた罪である。

　琵琶湖環境で発信される環境項目の平均像に、著者と地球物理学の学友と生態学の学友は疑問を抱いていた。そこで、琵琶湖の調査船を持つ研究機関の他の学友に、調査目的の主旨を伝え、琵琶湖全域一斉調査の共同研究を誘った。琵琶湖環境の姿をより正しく理解するための調査方法を議論した結果、琵琶湖環境の時間的変化の影響を少なくするために全域調査が可能な数時間以内に調査することにした。そして、その時間内に湖全域の表面水を調査することが可能な碁盤の目の測点を北湖の緯度・経度２分ごとの交差60測点と南湖の緯度・経度１分ごとの交差18測点を設定した。分担した水域は琵琶湖北湖全域（大阪電磁通信大学、滋賀県立大学、滋賀大学、琵琶湖博物館、琵琶湖研究所）と南湖全域（京都大学）である。CTD 測器（水温、電気伝導度、クロロフィルなど）の機種・性能は調査船で異なる。測定誤差が生じないよう各測器間で検定・調整した。調査船で測定する pH は比色法の指示薬を統一した。水質（主要イオン６成分、窒素・リン・ケイ素栄養塩など）は採取した水を実験室に持ち帰り測定することにした。それは、各機関の測定者が測定結果に与える影響を避けるため、測定の分析測器や分析操作が固定できるよう水質測定の担当者を決めた。保存容器と移動方法を統一して、試水を港で待つ車に移し速やかに担当者の実験室に運んだ。この琵琶湖一斉調査で得た結果は、新しい琵琶湖環境の姿を明らかにし、モニタリング調査に供す知見も多かった。しかし、図に表した電気伝導度は25℃における値であることを記したが、pH が現場水温における値であることを文に加えることを失念していた。琵琶湖の各測点間の表面水温は５℃以内であったため、比色法で測る pH 値の桁数からは、水温が pH 値に影響することは小さいと考えられる（表6-1）。しかし、論文に記載

したpHの分布図の線引きに再考が必要であろう。琵琶湖の水温は、水域間とともに、季節的に鉛直にも大きく変動する。現場水温におけるpH値を掲載するときには、読者の勘違いを防ぐために、試水の現場水温とpHの測定時の水温（ふつう、測定場の気温に近い）を付記する必要があることを痛感した。

　これらの誤測定と勘違いの環境調査は、調査時の個々の素データを記載しなかったか、記載した資料を破棄したため再計算ができず、正しい値と論点の再発信ができていない。全生データの開示と長期の記録・保存がいかに重要であるのかを理解した。

　生態学の視点で琵琶湖を研究する学友と、著者が測定した琵琶湖のクロロフィルと栄養塩の季節・鉛直分布を眺め（図8-2）、植物プランクトン量の増減と栄養塩量の増減の関係を基に琵琶湖生態系の動態を議論した。彼は、琵琶湖生態系の動的要素を静的要素と勘違いした相関の発言に終始した。そのとき彼に、湖の生態ピラミッドを例として（図2-3）、琵琶湖で食われる生物種が増えたから食う生物種も増えたのか、食ったために食われる種が減ったのかの因果関係は量を測っても解らないと言った。さらに、同位体分析で測定した琵琶湖の窒素循環の結果を示し、静的要素と動的要素の因果関係の有無を説明した。動的要素の因果関係を線形の相関係数から論じていた彼の思考は研究者の多くが陥る勘違いである。年老いた彼に会うたびに、意見の対立が解消されなかった激論の昔話を語る。

　琵琶湖を対象として学ぶのではなく、琵琶湖の総体から学ぶことができる者は、琵琶湖を熟知して湖とともに生活し琵琶湖観を醸成してきた者であることに気づき、琵琶湖流域住民とともに簡易測定による水環境活動を始めた。彼らの活動が勘違いと過ちにに陥る理由の多くは、著者の浅学による思いこみと重なる。著者の研究総括

のために、水研究歴の過ちを記し、研究者と学徒の誤測定を正したく本書を発刊したいとの思いに至った。

　勘違いと過ちは誰もが陥る。環境活動に完璧な者はいない。問題は、その過ちを認め反省するとともに、勘違いと過ちの原因を探るか否かにある。反省すれば正しい環境調査に戻ることができる。歴史を読み過去を反省する学びと実践が未来の人生を豊かにすることと同じであろう。

勘違いを防ぐ基本とは

　環境学徒が読む書物のいくつかは、「現社会で科学的事実としている」、「過去の事実が、科学の発達によって書き替えた」、「現科学で説明できないため、論考あるいは推論の域をでない」、「科学的根拠に乏しいが合理性がある」内容などが混在している。そして、「科学的に間違った情報」、「勉学不足が招いた勘違いの情報」、「社会要求を優先した曖昧な情報」などもある。環境学徒は、これら情報の波を受けているが、読み分けて環境学習を研鑽しなければならない。書物の質を選別する方法は、「何人からの影響をも受けずに真実を解明し発現する能力を有する真の学者」が記したものと確信できたなら、その文言を信じることであろう。勘違いを防ぐ基本は、建設的な科学的批判の学習である。

　環境学徒の勘違いと間違いは、「人から聞いた」、「マスメディアが発表する」、「広報記事に書いてある」、「書籍に記載している」からこの環境事象の思考は事実であるとの思いこみとともに、実践で「測れる項目の測定結果のみから、この環境事象は事実である」とすることに起因する。これは、環境活動の目標・目的が希薄であることも起因する。環境活動の目標・目的を定めて「真の学者が執筆

した科学書を精読してこれを理解したから、測定した環境項目の結果と考察はおそらく事実であろう」、あるいは「自らの環境活動で

写真10-2　水平線で眺める海津（左）と立体的に眺める姉川河口域（右）
琵琶湖の北端・岩礁帯を調査する環境FWの受講生は、湖岸域の景観を二次元の虫の目（人の目）で見るため全貌が理解できない。奥琵琶湖パークウエイの山に登り、姉川水系を眺めると、虫の目では見えなかった河口デルタと水陸移行帯などが三次元の鳥の目で診える

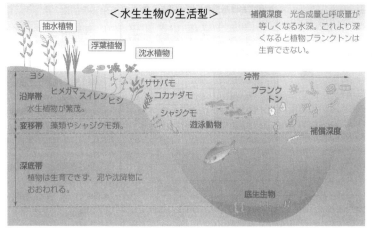

図10-1　湖沼生態系の三次元構造［浜島書店（2011）を一部改変］
賢人の漁業者は湖中の魚介類の動きを心眼で視るという。琵琶湖の中を魚の目（三次元）で想像したい。さらに時の目（四次元）で診る眼を鍛えると水生生物が駆動する生物と環境の動的循環平衡が診える
調査船から湖面を眺めた学生は、時の目で湖中の琵琶湖生態系が「食う・食われる」で維持されていることを診たか。さらに、琵琶湖の一生の富栄養化過程まで診て琵琶湖を復元・再生するためには流域住民に何が求められるのかを理解したであろうか

表10-1　参加型による水環境調査の進め方［三田村緒佐武ほか（2014）を一部改変］

1）合意形成
　・合意形成論を予備学習して、参加者全員で調査を進める。
2）調査の目的
　・調査する目的は何か、何を調べたいのかを議論する。
3）計画の立案
　・先行研究を調べ調査場所と調査時期と調査項目を選定する。
　・測定可能な項目を選定する。測定方法の基礎知識があるかを議論する。
　・調査域の土地利用、人口、産業構造を調べ、水系を把握する。
　・調査の流れを確認して仮想スケジュールを描く。
4）現地調査の準備
　・参加者の必需品（服装、医薬類、救命胴衣、連絡簿など）を準備する。
　・調査の必需品（文具、野帳、電卓、地図、ナイフなど）を準備する。
　・器材（双眼鏡、温度計、カメラ、メジャー、ロープ、GPSなど）を準備する。
　・測器（採水・採泥器、水温計、電気伝導度計、pH計、DO計など）を準備する。
　・測定試薬等（測定試薬、保存容器、パックテストなど）を準備する。
5）現場視察と予備調査
　・予備調査を行うと計画が立てられる。
　・基本項目を選定して予備調査する。予備調査結果から本調査項目を調整する。
6）本調査
　・計画案に沿った本調査が難しいときは代替案を実行する。
　・天候、風速・風力、水の流れと波、気温、水色など水域の外観を五感で調べる。
　・気づいたことを野帳に記載する。環境解析の手助けにもなる。
　・測定結果を参加者が確認して記録する。記録データは複写保存する。
　・野外調査は危険と背中合わせである。安全第一を心がける。
7）結果の整理と考察
　・試料を速やかに測定する。再調査の有無の検討をする。
　・データから、討論を経て総合化した図表を作成する。
　・反省点と改善点を抽出して調査総括を行う。
8）発表と報告
　・成果の発表会を開催して目的の達成度を評価する。成果報告書を作成する。

参加者全員によるブレインストーミングの合意形成で環境活動を進めると調査の勘違いと間違いを防ぐことができる

環境観を研鑽したから、この環境事象の結果と考察はおそらく事実であろう」にしたい。

調査水域は、虫が見る二次元（平面）の自然でも、鳥が見る三次元（立体）の自然でもない（写真10-2）。学徒が見た環境は、動的自然を静的自然に見たにすぎない。自然は四次元（時間軸）で動いている。琵琶湖内を立体的に想像し、さらに四次元の目を鍛えると、生物とその環境の動的循環が診える（図10-1）。

　環境学徒が勘違いと過ちを防ぐ最善の方法は、環境調査の参加者全員が調査対象の生態系の構造と機能の概略を机上で理解しておくとともに、ブレインストーミングによる水環境を正確に読みとる活動である (**表10-1**)。ブレインストーミングはの要点は、「調査目的」、「調査場所と調査時」、「測定項目」、「仮想スケジュール」、「調査の準備」、「予備調査と本調査」、「成果の公表」を参加者全員の合意形成のプロセスで確認する作業である。環境活動のブレインストーミングは、個人の思いこみを参加者全員の合意形成で克服することができる。これが環境人に成長する道である。さらに学徒は、勘違いを防ぐために、盲目的に隷従しないと決断した自由な環境活動をしたい。

[第10章の引用・参考文献]

浜島書店 (2011)：ニューステージ新訂・新生物図表．浜島書店，pp.339.
三田村緒佐武 (2015)：環境心学を志すための環境教育．Psyche，72-85.
三田村緒佐武・石川聡子・石田典子・後藤直成・橘淳治・丸尾雅啓 (2014)：びわ湖内湖・西の湖における水環境教育．陸水研究，1：5-15.
成田哲也・遠藤修一・三田村緒佐武・奥村康昭・芳賀裕樹・中島拓男・上田孝明・小板橋忠俊 (2003)：琵琶湖全域一斉陸水調査—日本陸水学会100年記念行事—．陸水学雑誌，64：39-47.

11

琵琶湖を再生させるために

　本書は、生活の中で智慧を醸成してきた環境活動の住民と学徒の調査指針である。測定した結果の正しさを検証するとともに、実践が「何のための環境活動であったのか」と「だれのための環境活動であったのか」の環境観の基点を問い直すことを怠らないことである。この志高い思考が過ちと勘違いを防ぐ。

　学徒は、環境活動から何を学べたであろうか。水域生態系の総体は、それを構成する生物と環境のすべての要素間の動的循環平衡で適正な多様性を維持していることを学んだであろうか。人間活動で環境悪化した湖や川は、自ら修復して再生しようとしていることを学んだであろうか。自然は循環再生力で支えられている。再生不可能な環境破壊は、人がこの循環駆動を断ち切った結果であると理解しなければならない。

「琵琶湖は琵琶湖自らが造る。人は琵琶湖の自然力の手伝いに徹することのみ許される」が、琵琶湖を修復・復元して再生させた湖を保全する作業の基点であることを学んだであろうか。人が琵琶湖と共生・共存するためには、琵琶湖集水域で生活する人の活動に適正規模があることも理解したであろうか。持続可能社会を構築するとは、現社会で生きる者のみが琵琶湖から富を得て持続することではなく、次世代の社会で生きる者が琵琶湖から富を得て持続させることである。学徒の志高い環境活動が望ましい琵琶湖環境を次世代へ継承できる。

■著者略歴

三田村緒佐武（みたむら おさむ）

1946年、琵琶湖南湖のほとりで生まれる。1972年、名古屋大学大学院博士課程中退、2012年、滋賀県立大学退職。専門は陸水学、環境学。著書に『新編湖沼調査法第2版』（講談社）などがある。

滋賀県立大学 環境ブックレット9

水環境調査で失敗しないために
琵琶湖環境の復元と再生に向けて

2021年5月25日　第1版第1刷発行

著者…………… 三田村緒佐武

企画…………… 滋賀県立大学環境フィールドワーク研究会
　　　　　　　　〒522-8533 滋賀県彦根市八坂町2500
　　　　　　　　tel 0749-28-8301　fax 0749-28-8477

発行…………… サンライズ出版
　　　　　　　　〒522-0004 滋賀県彦根市鳥居本町655-1
　　　　　　　　tel 0749-22-0627　fax 0749-23-7720

印刷・製本…… サンライズ出版

刊行に寄せて

　滋賀県立大学環境科学部では、1995年の開学以来、環境教育や環境研究におけるフィールドワーク（FW）の重要性に注目し、これを積極的にカリキュラムに取り入れてきました。FWでは、自然環境として特性をもった場所や地域の人々の暮らしの場、あるいは環境問題の発生している現場など野外のさまざまな場所にでかけています。その現場では、五感をとおして対象の性格を把握しつつ、資料を収集したり、関係者から直接話を伺うといった行為を通じて実践のなかで知を鍛えてきました。

　私たちが環境FWという形で進めてきた教育や研究の特色は、県内外の高校や大学などの教育関係者だけでなく、行政やNPO、市民各層にも知られるようになってきました。それとともに、こうした成果を形あるものにして、さらに広い人々が活用できるようにしてほしいという希望が寄せられています。そこで、これまで私たちが教育や研究で用いてきた素材をまとめ、ブックレットの形で刊行することによってこうした期待に応えたいと考えました。

　このブックレットでは、FWを実施していく方法や実施過程で必要となる参考資料を刊行するほか、FWでとりあげたテーマをより掘り下げて紹介したり、FWを通して得た新たな資料や知見をまとめて公表していきます。学生と教員は、FWで県内各地へでかけ、そこで新たな地域の姿を発見するという経験をしてきましたが、その経験で得た感動や知見をより広い方々と共有していきたいと考えています。さらに、環境をめぐるホットな話題や教育・研究を通して考えてきたことなどを、ブックレットという形で刊行していきます。

　環境FWは、教員が一方的に学生に知識を伝達するという方式ではなく、現場での経験を共有しつつ、対話を通して相互に学ぶというところに特色があります。このブックレットも、こうしたFWの特徴を引き継ぎ、読者との双方向での対話を重視していく方針です。読者の皆さんの反応や意見に耳を傾け、それを反芻することを通して、新たな形でブックレットに反映していきたいと考えています。

　　2021年4月

　　　　　　　　滋賀県立大学環境フィールドワーク研究会